第2版

和秋叶一起学

秋叶PPT 著

Word

又快
又好

搞定 工作
文档排版

U0247544

秋叶 出品

人民邮电出版社
北 京

图书在版编目（CIP）数据

和秋叶一起学Word / 秋叶PPT著. -- 2版. -- 北京：
人民邮电出版社，2017.7（2018.7重印）
ISBN 978-7-115-45434-8

Ⅰ. ①和… Ⅱ. ①秋… Ⅲ. ①汉字处理软件系统－基
本知识 Ⅳ. ①TP391.12

中国版本图书馆CIP数据核字(2017)第079478号

内 容 提 要

Word、PPT、Excel，哪一个最值得你花精力去学习？

我认为是 Word，因为 Word 软件的使用频率最高，所以学习以后为你的办公能力带来的
提升最大，学会 Word 能够为你节约很多的工作时间。

有一个段子是这么说的——

"我很小的时候就明白了，系鞋带会浪费掉一生中的三年光阴，于是我从不买有鞋带的
鞋子。很多事情你得研究透彻，讲究效率。"

这句话不是我说的，是 CNN 创办人特德·特纳说的。

花费时间研究最常用的软件，可以帮助你节约大量的时间，毕竟时间才是人最宝贵的财
富。

本书精心编排知识点，从正确的使用习惯开始，让你从"以为自己会 Word"，成为"真
正的 Word 达人"，从而让你在职场中更高效、更专业。

◆ 著　　　　秋叶 PPT

　责任编辑　李永涛

　责任印制　沈　蓉　彭志环

◆ 人民邮电出版社出版发行　　北京市丰台区成寿寺路 11 号

　邮编　100164　电子邮件　315@ptpress.com.cn

　网址　http://www.ptpress.com.cn

　北京缤索印刷有限公司印刷

◆ 开本：690×970　1/16

　印张：20.75

　字数：386 千字　　　　　　　　　　2017 年 7 月第 2 版

　印数：58 001－63 000 册　　　　　　2018 年 7 月北京第 8 次印刷

定价：69.00 元

读者服务热线：**(010)81055410**　印装质量热线：**(010)81055316**
反盗版热线：**(010)81055315**

广告经营许可证：京东工商广登字 20170147 号

对于第一次接触这套丛书的读者，我坚信这是你学习Office三件套软件上佳读物。

秋叶PPT团队从2013年全力以赴做Office职场在线教育，已经是国内最有影响力的品牌，截至2016年年底就有超过10万名学员报名和秋叶一起学习Office课程。

我们非常了解大家在学习和使用Office软件过程中的难度和痛点，不仅如此，我们也深刻理解为什么市场上的那么多课程或者图书让读者难以坚持学习下去。

因此我们对写书的要求是"内容新、知识全、阅读易"，既要体现Office最新版本软件的新功能、新用法、新技巧，也要兼顾到工作中会用到但未必经常用到的冷门偏方，更要兼顾到当今读者的阅读习惯，让我们的图书可以系统学习，也方便碎片阅读。

我们给自己提出了极高的挑战，我们希望秋叶系列图书能得到读者的口碑推荐，发自内心的喜欢。

做一套好图书就是打磨一套好产品，我们愿意精益求精，与读者学员一起进步。

对于第一次了解"秋叶"教育品牌的读者，我们提供的是一个完整学习方案。

「秋叶系列」包含的不仅是一套书，而是一个完整的学习方案。

在我们教学经历中，我们发现要真正学好Office，只看书不动手是不行的，但是普通人往往很难靠自律和自学就完成动手练习的循环。

所以购买图书的你，切记要打开电脑，打开软件，一边阅读一边练习。

如果平时很忙，你还可以关注微信公众号"秋叶PPT"，通过持续订阅阅读我们每天推送的各种免费的Office干货文章，在空闲时间就能强化习得的知识点在大脑里的记忆，帮助自己轻松复习，进而直接运用在工作中。

如果你觉得图书知识点较多，学习周期较长，想短期内尽快把Office提高到胜任职场的水平，我们推荐你去网易云课堂选择同名在线课程。和学校教育一样，教材搭配老师讲课，图书搭配同名在线课程，才是一套完整的教学体系。

依据读者的不同需求，我们的在线课程提供了更丰富、更细化、适合不同层次的选择。这就好比线下教育的基础班和提高班，不同基础、不同需求学员应该选择适合自己的课程，这样才是一套更科学的解决方案。甚至，我们的在线教学方式，除了不限时、不限次数的课程学习外，还提供了强化训练营，有同学陪伴，有老师答疑辅导，帮助大家掌握这些职场必会技能。

你一定想问一个问题：我买了图书，还需要买在线课程吗？购买了图书就包含了在线课程吗？

图书和在线课程是两个不同产品，并不包含彼此。

这里就要简单说说图书和在线课程的区别。我们的图书是体系化的知识，就像一个结构严谨的学习宝典，而我们的在线课程更侧重实训化训练，就好比教材配套的习题集。

全方位好Office软件的使用，你需要严谨的、体系化的图书宝典。但仅仅学习知识点，没有足够的、各种变着花样的习题训练，知识并不能自动变成你的能力。事实上，后者的工作量更大，因为要组织大家交作业，要实时答疑、要批改作业，最关键的是，设计出大家愿意动手交作业的习题非常难。这恰恰是图书无法做到的。

所以购买「秋叶系列」图书很好，它能方便你系统学习知识点和快速复习；

配套购买「秋叶系列」在线课程更好，一方面动手强化，另一方面深入提高，这是互补的教学设计。

最后，关注微信公众号"秋叶PPT"定期分享的干货文章，三位一体，构成了一个完整的学习闭环。

所以我们说「秋叶系列」提供的是学习解决方案，而不仅是一本书，更有趣的是，这个解决方案，你可以结合你自己的情况自由组合选择哪种学习方式。

我们的努力目标是降低大家学习的选择成本——**学Office，就找秋叶团队。**

对于"秋叶"教育品牌的老读者老学员，我想说说图书背后的故事。

2012年我和佳少决心开始写《和秋叶一起学PPT》的时候，的确没有想到，5年后，一本书会变成一套书，从PPT延伸到Word，现在加上了Excel，而且每本书都在网易云课堂上有配套的在线课程。

可以说，这套书是被在线课程学员的学习需求逼出来的。当我们的Word在线课程销量破5000人之后，很多学员就希望在课程之外，有一本和课程配套的图书，方便翻阅。这就有了后来的《和秋叶一起学Word》。我们也没有想到，Word普及20年后，一本Word图书居然也能轻松销量超过2万册，超过很多计算机类专业图书。

2017年初，我们的Excel/Word在线课程单门学员都超过1万人，推出《和秋叶一起学Word/Excel/PPT》图书三件套也就成为顺理成章的事情，经过一年艰苦的筹划，我们终于出齐了三件套图书，而且《和秋叶一起学PPT》升级到第三版，《和秋叶一起学Word》升级到第二版，全面反映了Office软件最新版本的新功能、新用法。

现在回过头来看，我们可以说是一起创造了图书销售的一种新模式。要知道，在2013年，把《和秋叶一起学PPT》定价99元，在很多人看来是一种自杀定价，很难卖掉。而我们认为，好产品应该有好的定价。我们确信通过这本图书，你学到的东西是远超99元的。而实际上，这本书在最近三年销售早超过了10万册，创造了一个码洋超千万的图书单品，这在专业图书市场上是非常罕见的事情。在这里，要非常感谢读者，你的认可让我们确信自己做了对的事情，也让我们不断提高图书的品质有了更强的动力。

其实我们当时也有一点私心，我们希望图书提供一个心理支撑价位，好让我们推出的同名在线课程能有一个好的定价。我们甚至想过，如果在线课程卖得好，万一图书销量不好，这个稿费损失可以通过在线课程销售弥补回来——感觉出版社看到这段话要哭了。

但最后的结果是一个双赢的结果，图书的销量爆款带动了更多读者报名在线课程，在线课程的学员扩展又促进他们购买图书。这是产品好口碑的力量！更让人愉快的是，在知识产权保护大环境还有诸多遗憾的今天，图书的畅销帮助我们巩固了「秋叶系列」知识产品的品牌。所以，我们的每一门主打课程，都会考虑用"出版+教育"的模式滚动发展，我们甚至坚定认为这是未来职场教育的一个发展路径。

我们能走到这一步，都要深深感谢一直以来支持我们的读者、学员以及各行各业的朋友们，是你们的不断挑刺、鞭策、鼓励和陪伴让我们能持续进步。

　　最后要说明的是，这套书虽然命名是"和秋叶一起学"，但今天的秋叶，已经不是一个人，而是一个团队，是一个学习品牌的商标。我很幸运遇到这样一群优秀的小伙伴，主编这系列丛书是大家给予我的荣誉，但我们是一个团队，是大家一起默默努力，不断升级不断完善，让这套丛书以更好的面貌交付给读者。

　　希望爱学习的你，也爱上我们的图书和课程。

大家好，欢迎各位来到Word的世界！我是秋叶老师，你们的"新手村向导"。面对这个陌生的世界，相信你们一定有很多想要知道答案的问题吧！别急，你们想要问的这些问题，接下来我都会一一解答！

答疑 01　Q: Word 这么简单，还需要专门学吗？

A：Word、PPT、Excel 中，我一直认为 Word 最值得你花精力去学。

Word、PPT、Excel，哪一个最值得你花力气去学？

Word软件使用频率最高，所以最需要学习，学好了一定能节约你许多的办公时间。

对了，有个段子你听过没有——

"我很小的时候就明白了，系鞋带会浪费掉一生中三年的光阴，于是我从不买有鞋带的鞋子。很多事情你得研究透彻，讲究效率。"嗯，这话不是我说的，是CNN创办人特德特纳说的。

所以我学习软件，往往花费大量时间研究最常用的软件用法，因为这可以给我节约大量的时间，而时间才是我最宝贵的财富！

成年人学习的悲剧就在于他一旦认为自己会了，就会停止学习——"我会了，不学了，够用了"，难道不是这样吗？

每当我看到很多人还习惯用敲空格给段落开头缩进两格，或者用"．"符号代替"·"录入人名时，或者做好一个标题格式再用格式刷一路"刷"下去，又或者我怀疑大部分人搞不清楚复制网页内容会出现软回车（↓）给排版带来困惑……

我很想告诉他——

如果你不知道Word的段落复制技巧，那么每次复制你都可能要比高手多浪费 3 秒！

如果你不知道用样式，那么每次你都要从零开始文件排版，而高手只需要 1 秒！

如果你不清楚通配符查找替换技巧，那么每次你都不得不一个个靠肉眼去确认！

我自己也惭愧，我一直以为自己精通Word，也掌握了不少小技巧，直到有一天我为了一份资料在学校打印店里坐了一会儿，发现打印店老板很多操作习惯和我不一样！

等我耐心看了一个小时，突然意识到自己发现了一个早已存在的事实——每个打印店的老板，都是身怀绝技的Word "扫地僧"！

如果我的文档排版效率能达到打印店老板们的一半，我将能节省出多少拥抱人生的幸福时光？

答疑02 Q: 我什么都不会，这本书适合我看吗？

A: 本书总的来说，适合以下朋友学习。

1. 零基础的Word菜鸟。本书语言通俗易懂，充分考虑了初学者的基础知识水平，哪怕你以前从来没接触过Word，也不会影响你看懂本书中的内容。

2. 想要告别2003等老旧版本Office的用户。本书所有内容及案例截图均使用Word 2016、Office 365版本，保证大家学到全而新的功能。

3. 不想花大价钱报班请老师的学习者。和所有技能型知识一样，学习Word的核心不在于你听懂了多少，而是你会做了多少。本书专注于引导你如何去做，只要你肯跟着我们动手练习，完全可以通过自学达到工作中高效使用Word的水平。

答疑03 Q: 和其他同类书籍比，这本书有什么特色呢？

A: 剖析常见误区，提供贯穿学校到职场的一揽子排版解决方案

我们会告诉你那些打印店老板不告诉你的秘密，据我所知，这些Word技巧很多大学老师也不会，所以也别指望他们教给你啦！

我希望这本书秉持秋叶系列图书课程的一贯风格，案例实战，诱导实操；容易上手，马上见效；由浅入深，内容系统。

本书从构思和写法上都体现出了与过去绝大多数Word书籍明显区别的特点：

绝大多数写Word功能的书	我们的书
按软件功能组织	按实际业务组织
截屏+操作步骤详解	图解+典型案例示范
书+花样模板	书+实战案例+高效插件
只能通过书籍单向学习	同名在线课程+微博+微信公众号

答疑 04　Q: 看完这本书，我能学到哪些知识和技巧呢？

A：关注学习者能力的实际提升，正是本书组织模式搭建之源。

过去绝大部分讲Word操作的书籍都按照软件功能模块来组织，要么是按菜单功能逐一介绍讲解，要么是按字体格式、段落、图片、表格等设置方法来介绍，或只讲几个案例。我们觉得这些组织方式都不错，但看完之后，学习者的Word排版能力能提升多少呢？

所以，我们的组织模式是：

章节	这一章的思路	这一章的知识
1. 大众误区	先找痛点，逐一击破	Word排版入门必备基础技能
2. 排版流程	先定流程，再做排版	学会科学的Word排版流程
3. 排版之道	先有方法，再做设计	搞定Word里的字图表排版
4. 排版特技	先有诀窍，再做编辑	不为人知的实用排版知识
5. 学霸之路	先有规矩，再做论文	长文档排版技能综合练习
6. 职场之道	先有捷径，再做工作	职场中的高效办公大杀器

对于大多数人来说，Word 是一款很容易操作的软件，但在达到排版目的时采用了大量低效重复的操作。

所以，抓住大家的实际问题，针对性地进行讲解，着重体现高效和系统化，是本书组织安排内容的重要原则。

答疑 05　　Q: 这本书有没有什么附送资源呢？

A：当然有！并且我们只提供筛选过的精华！

感谢以下Word达人原创Word相关资源分享		
@Kian_阿建	@L喜欢吃甜食	@文剑武书生King
Word模板下载网站推荐（请百度关键词）		
微软Office官方在线模板网站：officeplus		
各行业求职简历模板网站：乔布简历		
国内最专业的简历服务网站：五百丁		
海量有营养的Office文档资源分享平台：稻壳儿		
本书配套资源下载地址的获得方式		

在微信【秋叶PPT】中回复关键词"Word图书配套"，即可获得最新免费下载地址。

答疑 06　　**Q: 能再详细说一下该如何获取相关资源吗?**

A：来来来，让秋叶老师手把手教你如何下载我们提供的配套资源!

Step1：关注我们的公众号：秋叶 PPT

　　首先打开微信，单击对话列表界面右上角的"加号"，然后扫一扫下面的二维码加关注。

　　或者单击微信对话列表界面顶部的"搜索框"，然后单击【公众号】，在搜索框中输入关键词"PPT100"，最后单击键盘右下角的【搜索】，加关注即可。

Step2：在微信中发送关键词提问

比如你想要获取本书的分享资源，就可以发送关键词"Word图书配套"获得下载链接。

如你还有什么其他想要求助的问题，也可以在这里直接留言，或发送相关关键词进行提问。

另：右图仅为示意，具体链接及密码以即时回复的信息为准。

Step3：单击下载链接，登录百度账号，将资源保存到你的百度网盘

保存之后你就可以在任何电脑中随时登录网盘来找到它！云同步，云分享！

Step4：在电脑端登录百度云管家，下载已保存的资源

答疑 07　**Q: 除了看书自学，还有别的学习渠道吗？**

A: 害怕一个人坚持不下去？来网易云课堂参加我们的在线课程吧！

虽然本书通过各种方式尽可能地把新手学习Word的难度降到了最低，但秋叶老师也知道，对于大多数人来说，学习毕竟不是一件轻松愉快的事，特别是当身边没有同伴的时候。

不妨百度搜索"网易云课堂"，进入云课堂后搜索"和秋叶一起学Word"，参加让你的Word文档焕发生机的在线课程，和10000+学员一起学习成长吧！

加入付费课程的理由

① **针对在线教育，打造精品课程：**秋叶PPT核心团队针对在线教育模式研发出一整套Word课程体系，绝不是简单复制过去的分享。

② **先教举三反一，再到举一反三：**这套课程为你提供了大量习题练习及参考答案，秋叶老师相信，经过这样的强化练习，你一定能将各种Word排版技巧运用自如。

③ **在线同伴学习，微博/微信互动：**我们不仅分享干货，还鼓励大家微博/微信分享互动！我们不是一个人，而且10000+小伙伴。来吧，加入"和秋叶一起学Word"大家庭，就现在！

答疑 08　　Q: 除了 PPT, 我还能向秋叶老师学点什么?

A: 作为一名贴心的大叔, 秋叶老师可为你准备了一整套实用课程哦!

单击

《和秋叶一起学Word》课程标题下方讲师处的 "秋叶" 二字, 即可跳转查看所有网易云课堂上 "秋叶PPT" 团队开发的课程。**包括且不限于:**

专注于Office 办公软件实战能力的
Office 三件套课程

专注于手绘、笔记、职场综合技能的
职场竞争力提升课程

我们不但不间断地进行新课程开发, 对已推出课程的升级和更新也从未停止过。

以《和秋叶一起学Word》课程为例, 本课程先后进行了数次改版, 全面优化了视觉效果和学习体验。一次购买, 终身免费升级, 没有后顾之忧, 这就是我们给所有学员的承诺!

目　录

CHAPTER
1

大众误区
为什么我用起来会费劲？

CHAPTER 2 排版流程

这样做才专业！

CHAPTER 3 排版之道

怎么排版会好看？

CHAPTER 4 排版特技
被你忽视的排版秘笈

CHAPTER 5 学霸之路
长文档编辑技巧

CHAPTER 6 职场之道
不加班，要加薪！

和秋叶一起学Word

为什么
我用起来会费劲？

· 90%的人只懂得 Word10%的功能，Word 其
实是大家最熟悉的陌生人

· 最常见的操作也最容易做错

· 本章帮你拨云见日，走出误区

1.1　Word那么强，你却把它当记事本用？

Word是每个学生和职场人士最常用到的办公软件，大部分人认为Word很简单，是因为其易于上手，操作方便，能基本解决学习和工作中的需求。

"我能用Word排好一篇文档！这就够了，我还需要专门学Word？值得吗？"

在大部分人眼中，Word就是长得漂亮一点的记事本。

只会在Word里打打字，简单调调格式。但凡遇到写论文、报告，需要用到图文混排、插入公式、插入页眉页脚等长文档，就会手足无措，文字、图片、公式、表格全部乱成一锅粥，同时，大量重复性的操作浪费了很多时间。

很多人习惯用一些"简单的方法"去实现排版的要求。

比如：如果文本对不齐，大部分人会通过输入空格的方式勉强达到要求；如果想单独为正文设置页码，就会将封面和正文设置为独立的两个文档；如果不会生成目录，就会手动输入，敲很多的点，自己数页码手动输入，不过怎么也对不齐。

很多人以为自己掌握了 Word，其实一直在重复着低效、繁琐的操作，而且也只是做到了"差不多"的效果。

事实上，Word除了拥有简单常用的文字处理功能，还有很多排版技术值得学习，这些技术将会颠覆你对Word的认识，掌握这些技术无形之中会帮你节省大量的时间，你还会是大家眼中的Word达人！

掌握这些技术，你就是别人眼中的 Word 达人！

排版技术一：格式与内容分离，一次性格式化文本

打开Word软件，会在顶部功能区看到占据近一半空间的功能，叫样式。在Word中，可以将字体、段落、项目符号等繁复的格式存储在样式中，可以将这些格式一次性赋予给某一段文字；并且修改样式后，文本格式又能一次性实时更新，实现写作和调格式互不影响。

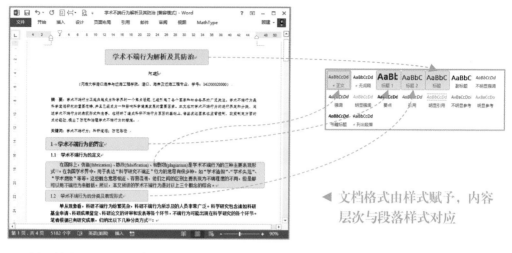

◀ 文档格式由样式赋予，内容层次与段落样式对应

排版技术二：灵活控制图片、表格，图文并茂轻松造

图片、表格能够极大地增加文本的丰富度和吸引力，但图片、表格处理不当也将影响文档的美观程度。灵活掌握图片的环绕方式及表格的统一样式可以轻松打造图文并茂的专业范文档。值得一提的是，图片和表格结合还有大用处，如利用无框表格还可以实现多图并排的效果，有了表格的约束，图片可以规规矩矩地待在文中。

▲ 文中存在多个小图并排的情况时，可以借助无框表格巧妙排列

排版技术三：使用自动化功能，省时省力又高效

Word有很多可以自动化操作的排版功能，如果没有深入学习过，大量费时费力的操作只能依靠手动操作这样的原始生产力。比如，一篇长文档包含第1章、1.1节、1.1.1小节等多层级标题时，章节内容一旦增减或顺序发生变化，相应的各级标题编号需要做相应的调整。

如果懂得使用"多级列表"功能，就可以设置标题的自动多级编号，实现自动更新的效果。类似的，文档中图片、表格数量很多时，其编号的逐个插入和更新维护的工作量很大，如果使用题注功能就能实现自动编号与更新。除此以外，Word还可以自动生成目录，各种编号实现交叉引用，不同页设置不同的页眉页码，也可以利用查找替换功能快速完成替换工作等。

1 AaBb	1.1 AaE	1.1.1 Aa
标题 1	标题 2	标题 3
样式		

1 第 1 章·绪论
1.1 1.1 概述
1.1.1 1.1.1 潮汐潮流的基本概念
1.1.2 1.1.2 潮汐产生的原因
1.2 1.2 潮汐研究的意义
1.3 1.3 潮汐理论的发展

2 第 2 章·废黄河口自然概况
2.1 2.1 概述
2.2 2.2 地质地貌
2.3 2.3 气象水文特征
2.3.1 2.3.1 气候
2.3.2 2.3.2 水文
2.4 2.4 本章小结

▲ 含多级列表的样式　　▲ 使用多级列表，各级标题自动编号（注：黑字为自动编号）

排版技术四：相似操作批量化，事半功倍早下班

在日常生活中常需要大量制作内容主体一致仅部分细节不同的文档，如工资条、荣誉证书、邀请函等，Word邮件合并功能能够快速解决类似的问题。只需准备好一份主体文档，配合含有变动项内容的Excel，即可利用邮件合并功能将变动项填入模板批量生成多份文档。

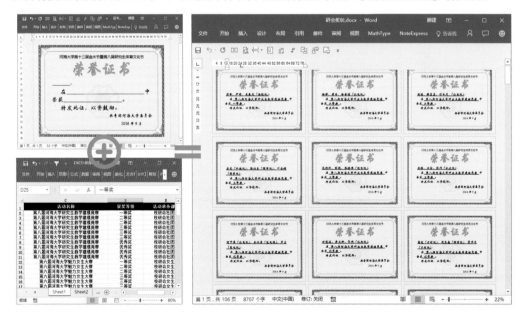

▲ 一份主体文档（模板）+含有变动项内容的Excel（数据源）=个性文档批量造

1.2　该死的，我又没有保存 Word！

有多少人新建了一个Word文档后，一口气连续输入了几个小时的文字，却由于各种原因，在没保存文件的情况下，不小心关掉了Word或重启电脑，连自动保存都帮不到。

忘记保存是非常常见的现象，本质是个人使用Word的习惯不科学，无论在电脑上处理什么类型的文档，我们都应该养成及时保存的习惯！

> 推荐的习惯：
>
> 习惯1：新建文档后，不立刻输入文字，而是先保存文档，其快捷键为 Ctrl + S ！
>
> 习惯2：在编写Word的过程中，及时保存文档，随时按快捷键Ctrl + S ！
>
> 习惯3：将Word自动保存时间调整到更加保守的时间，如默认10分钟，可改为5分钟，这样
> 就不会丢失 5 分钟以上的未保存工作。

关于习惯3，具体操作是依次单击【文件】→【选项】→【保存】，设置保存自动恢复信息时间间隔X分钟（这里的时间间隔X分钟越小，其自动保存就越频繁），并勾选"如果未保存就关闭，请保留上次自动保留的版本"。当Word文档很大时，自动保存很频繁，可能会导致Word程序变卡。

有了以上设置，即使Word程序未最终保存或意外关闭（断电、程序崩溃等），下次打开时，在文档左侧可以选择恢复最近一次保存的文档。

◀ 修改自动保存时间

▲ 在这里可以找到默认自动恢复文件的位置

◀ 重新打开文档可恢复自动保存的版本

养成好习惯随时 Ctrl+S

1.3   我保存错了怎么恢复到之前的版本?

有的人很慎重, 的确养成了及时保存的好习惯, 但是偏偏出现了这样的状况: 修改一番文档内容后, 已经保存却发现自己的修改是错误的!

对于这样保存了误修改的内容, 如果还没有退出Word程序, 则可以使用"撤销"按钮来恢复到之前的操作, 快捷键是Ctrl+Z。

如果已经退出了Word程序, 则无药可救。但是, 我们可以未雨绸缪, 提前做一些补救措施, 即每次修改文档前备份文档。

Word高级选项中, 可以启用Word自带的"始终创建备份副本"功能, 用户在关闭Word文档时将自动创建该文档的副本文件, 以备不时之需!

依次单击【文件】→
【选项】→【高级】下拉
列表找到"保存"区域,
勾选"始终创建备份副
本"。这样设置以后,
每次编辑Word文档时,
Word会自动保存一个副
本, 文件名为"备份属于
******.wbk"。

具体还有以下4点
说明:

① 后缀 .wbk 是word
back的缩写, 代表Word文件的备份文件, 预防你操作错误后需要
恢复数据时使用;

② Word保存后即会生成备份文件;

③ 生成的文档与Word 文件同目录;

Word书稿第一 章.docx   备份属于 Word 书稿第一章.wbk

④ 下一次再打开文档时, 这个备份文件即会被更新。

如果不想每次都备份文档, 就要养成自己备份文档的好习惯, 一般命名规则可以是文件名+版本号(第X版或修改日期)。

1.4 让你战斗力瞬间飙涨10000+的快捷键!

　　游戏高手往往键鼠并用,才能行云流水。鼠标、键盘,两手都要抓,两手都要用!往往意识到快捷键能够提升办公效率后,都会看很多Word快捷键的教程,但是几十上百的快捷键让人望而却步。事实上,快捷键不用记太多,快捷键记忆也应该有好办法。

记最常用的:高频使用的核心快捷键

　　有一批是日常工作必不可少的快捷操作法,经常用自然就会记住,如常用的Ctrl+X/C/V(剪切、复制和粘贴)。这类常用的快捷键常常与Ctrl连用,配合英文含义可以很容易记忆,如Ctrl+All(全选)、Bold(加粗)、Find(查找)、New(新建)、Open(打开)、Print(打印)、Left(左对齐)、Enter(居中对齐)、Right(右对齐)、Save(保存)等。

记最有档次的:高档次的快捷键

　　有一些快捷键,不仅快而且充满情怀,可以解决在Word使用中的各种棘手问题。例如,在打开众多文档的情况下,可以借助Alt+Tab,在两个窗口之间自如地切换。

▲ 拇指按住 Alt 键不放,然后用中指按一下Tab 键放开(可连续按 Tab键 切换窗口)

　　有的时候,我们在Word中输入文字时,后面的字突然消失了!其实是Insert键在捣鬼,平时没啥用,不小心打开就是坑!按下后,Word进入改写状态,自动覆盖后面的文字,解决之道在于,再按一下Insert键。

原句:单身现象,已经|越来越普遍。 ➡ 想要:单身现象,已经|在中国越来越普遍。

输入一个"在"字 ➡ 单身现象,已经在|来越普遍。(少了一个越)

输入一个"中"字 ➡ 单身现象,已经在中|越普遍。(又少了一个来)

输入一个"国"字 ➡ 单身现象,已经在中国|普遍。(又少了一个越)

实例 01 **将复杂的菜单操作简化为一个 F4 快捷键**

在Office的"江湖"里，除了以上快捷键的传说，还有个独树一帜的F4大侠，其"键"招快、准、狠，常年独来独往，它的核心技能是重复上一步操作，它好打抱不平，在很多地方都能看到它的身影。充分利用F4键重复上一步操作，可以事半功倍。

1）分身技能，复制不用快捷键Ctrl + V

输入一段文字后，要想在其他部分重复输入，可以直接召唤F4键，无需复制粘贴的操作！

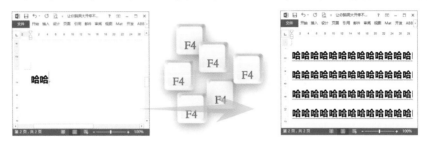

2）F4键也可以代替格式刷，快速实现上一步格式的调整

选中一段文字，改为黄色，选中另一段文字，按F4键，第二段文字马上变黄！以此类推。

我要变网黄 ➡ 我要变网黄 （选中文本，设置为黄色）
我要快速变网黄 ➡ 我要快速变网黄 （选中文本，按F4键）
我也要快速变网黄 ➡ 我也要快速变网黄 （选中文本，按F4键）

F4

3）F4键同样可以应用在表格中，快速减少菜单栏的操作

当表格中需要频繁进行：快速增加新行或新列、合并多个单元格、填充多个单元格等操作时，利用F4键可以省很多事情。

1	4	7
2	5	8
3	6	9

1	4	7
2	5	8
3	6	9

秋叶老师，为什么我按 F4 键什么都没有发生？

可能 F4 键不支持重复该操作，也可能在于 F4 键没有被激活……

在这款键盘上默认按 F4 键是调节屏幕亮度功能

要同时按Fn（该键常在键盘左下角）才是F4键的功能，或者部分电脑需要先按FnLock键才能将默认功能切换过来

什么都不记：无招胜有招的键盘心法

1）Alt 键法

Alt 键是Alter，改变的意思，交替换挡键。最厉害的是，在Word窗口按Alt键，会直接显示对应菜单和功能的快捷键。

▲ 按Alt键，图标上就会显示出一个圈住字母的小方框，这些字母就是每个功能对应的快捷键。如连续按Alt+N+P快捷键，就能快速插入图片。

2）快速访问工具栏法

Word 顶端有一个"黄金铺位"，叫快速访问工具栏。鼠标光标定位在某个功能按钮上，右击鼠标键，即可选中"添加到快速访问工具栏"，把常用的功能在此集中管理，为了减少鼠标光标移动的距离，还可以在快速访问工具栏右击鼠标键，将其在功能区下方显示。

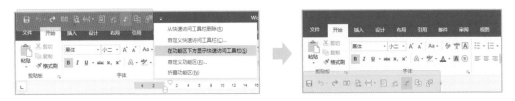

▲ 快速访问工具栏的按钮也可以通过Alt键调出，按Alt键，各按钮上会显示数字

以上就是让你战斗力瞬间飙涨 10000+ 的快捷键！本书在写作过程中也会提到常用的快捷键，注意适当记忆。当然，快捷键也不要贪多，键鼠并用，效率才能加倍！

1.5　屏幕上你看到的，不一定都会被打印！

Word文档编辑软件最大的特色就是所见即所得（What You See Is What You Get），指我们输入文字，更改格式能够立刻看到效果。但这并不意味着，你看到了什么，什么都会被打印出来。

在文字处理软件中存在许多非打印字符，比如：

1. 一些文字下方红色波浪线、蓝色下划线（Word的"拼写和语法检查"功能）；
2. 标题前出现的小黑点（该标记一般意味着段落与下段同页）；
3. 浅灰色小点（半角空格）或小方框（全角空格）；
4. 浅灰色箭头（制表符）；
5. 每个段落后都有的弯箭头↵，有的时候是直箭头↓（段落结束的标记）。

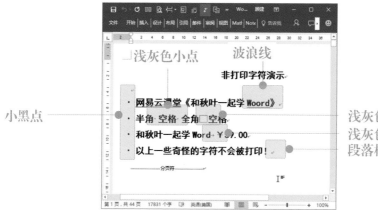

Q1：如何显示或隐藏这些非打印字符（格式标记）？

1. 在【开始】→【段落】中按下：显示/隐藏编辑标记（仅显示隐藏部分编辑标记）。

快捷键Ctrl+Shift+8

注：右图的 * 需要按快捷键Shift+8调出

2. 依次单击【文件】→【选项】→【显示】→去掉所有勾选，Word即可恢复洁净。

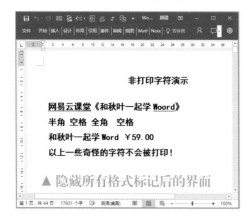

▲ 隐藏所有格式标记后的界面　　▲ 在对应的格式标记前打勾，即
　　　　　　　　　　　　　　　　　可显示相应的符号。

3. 去掉波浪线：依次单击【文件】→【选项】→【校对】→去掉勾选"键入时检查拼写"和"键入时标记语法错误"即可。

解决问题需要暴露
欣赏美丽需要遮掩

Q2：究竟要不要隐藏编辑标记？

在排版的过程中显示了编辑标记，就能根据这些符号判断哪里排版出了问题。看到文中有一处空白，到底是空格、空行还是制表符导致的？如果没有这些标记的指引，调整格式的时候犹如"盲人骑瞎马"，很难找到准确的答案。而给Word截图时，这些符号就显得很"丑陋"，此时就可以隐藏这些编辑标记。

分明设置了水平居中对齐，但表格依旧横竖对不齐

学院	新生	毕业生	
Cedar 大学	110	103	-7
Elm 学院	223	214	+9
Maple 高等专科院校	197	120	+77
Pine 学院	134	121	+13
Oak 研究所	202	210	-8

▲ 显示编辑标记后，表格内多余的空格和空行导致设置居中也对不齐

1.6 被滥用的空格键！

键盘上有一道长长的按钮——空格键，一般而言，按空格键是为了在必要的地方输入一个空格，而事实上，很多人把空格键当作对齐的工具，于是又常常出现这样尴尬的状况：按一下空格键嫌少，多按几次空格键又嫌多。

首先解释下，空格分为两种：全角空格和半角空格，全角空格占2个字符（即一个汉字大小），半角空格占1个字符（即一个字母大小），所以在【显示编辑标记】的情况下，前者显示为小方框，后者显示为小点。

接下来给大家展示空格键的几种常见错误用法，并给出恰当的解决方案。

误用1：用空格键来居中对齐、右对齐。

如果你是使用按空格键的方式使标题居中对齐，或者使文字右对齐，你可能真的有点太不了解Word了。其实Word的段落选项卡中有一组专门用来使段落对齐的按钮：左对齐、居中对齐、右对齐、两端对齐、分散对齐（下图仅展示居中对齐和右对齐）。

误用2：敲两个空格实现首行缩进。

在汉语写作规范里，需要在段首空两格，即空出两个汉字的位置。在Word文字处理过程中，很多人直接在行首敲两个空格的方式来达到这个目的，但由于不知道空格是全角还是半角，有时忘记敲了几个空格，导致不必要的混乱。

也有人习惯直接按Tab键，也能实现首行缩进，但事实上，默认缩进是0.76厘米，并不是真正的两个汉字的距离。

在Word里，真正恰当的方法是，通过【首行缩进】2个字符。

> 首行缩进 ● 使用【首行缩进2个字符】的方式，轻松方便，设置一次，按回车换行时，下一段又会自动缩进2个字符。

实现首行空两格的恰当方式：

Step1：正常输入文字后，右击鼠标键，选择【段落】，打开段落设置对话框

Step2：在特殊格式里，选择首行缩进2字符，确认即可。

注：下一个段落会延续这个特殊格式，无须再次设置。

那么空格究竟是用来干什么的？

第一种用法：空出一格形成间距，起到区分的作用。

（1）英文文档中，每个单词之间输入一个空格，使单词与单词区分出来。

（2）序号和文字之间，可以插入一个空格，显得很有秩序。

第二种用法：选择题、填空题、判断题等需要空出位置，供人填写内容。

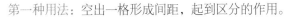

▲ 图中小灰点就是一个半角空格，不同情况下，空格的用法不同。
　　注：需要打开"显示/隐藏编辑标记"才能看到小灰点。

1.7　回车还有软硬之分？

什么是软回车、硬回车？

什么？回车还有软硬之分？简单来说，平时敲回车键产生的换行符就是硬回车，而由程序自动换行的符号叫软回车。

 硬回车（段落标记）
由回车键按下文字换行

 软回车（官方名：自动换行符）
从网上复制文档，段后常会出现

Word中的很多操作是基于段落的，如对段落进行整体缩进、对段落编辑行距、对齐段落等，两个硬回车之间为真正的一个段落，可以称为物理段落，Word能识别的段落就是它。

而两个软回车之间的文字不能称为一个段落，只是换行显示而已，可以称为逻辑段落。软回车是一种换行标记，可以通过"Shift + Enter"快捷键来直接输入。

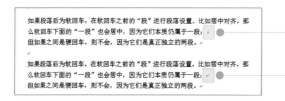

软回车：前后其实属于同一段

硬回车：前后本质上属于两段

软回车的苦与乐

软回车给使用者带来最大的困扰是："段落"之间彼此牵连，因为软回车区分的前后两个"段落"本质属于同一段落。

例如：需要将软回车之前的"段落A"设置"格式1"，软回车之后的"段落B"设置"格式2"，由于Word认为两者属于同一个段落，只能设置一种样式。

实施居中对齐，软回车前后均居中

实施居中对齐，仅硬回车前居中

与上面演示类似的，如果标题和正文之间是由软回车间隔开，那么设置标题样式时，正文也会变成标题样式，无法单独设置正文样式，此时，需要将软回车换成硬回车。

充分利用软回车这一特点，也会带来好处：出于美观和语义的考虑，长标题需要途中折行的时候，可以手动加入软回车，从而避免目录中出现两个标题。

▼ 现对标题做三种换行处理，观察目录变化

基于指标序优势权重法的灰色定权聚类在港口节能减排管
理水平评价中的应用 ● ── 不做特殊处理，长标题
　　　　　　　　　　　　　　　　　　　　　自动换行

基于指标序优势权重法的灰色定权聚类在港口
节能减排管理水平评价中的应用 ● ── 在恰当位置插入软回车

基于指标序优势权重法的灰色定权聚类在港口
节能减排管理水平评价中的应用 ● ── 在恰当位置插入硬回车

▼ 根据以上三种换行处理方式，对应生成的目录状态依次如下

基于指标序优势权重法的灰色定权聚类在港口节能减排管理水平评价中的应用..........1

基于指标序优势权重法的灰色定权聚类在港口 节能减排管理水平评价中的应用..........1

基于指标序优势权重法的灰色定权聚类在港口..................................1

节能减排管理水平评价中的应用..................................1

插入硬回车换行会形　　　不足的是插入软回车换行时
成两段目录　　　　　　会产生半角空格

怎么把软回车换成硬回车？

根据上面的分析演示，软回车不是真正的段落标记，它无法作为单独的一段被赋予特殊的格式，所以它不是很利于文字排版。我们在生活中不可避免需要从网页上复制文本，然后粘贴进Word，由此产生的软回车可以通过查找替换的方式替换掉。

Step1：选中文本（如果不选中，查找替换操作将会针对全文）；

Step2：按快捷键Ctrl＋H打开查找和替换对话框；

Step3：在查找内容处输入："^l"（注：此处是小写的L），在替换为处输入："^p"，单击"替换"按钮即可。

软回车代码为"^l"
硬回车代码为"^p"

1.8　回车并不是用来调节段落间距的！

怎么调节段落间距？

　　为了让文档看起来清晰，标题与正文之间，正文各段落之间区别明显。大部分用户常常喜欢用打回车的方式进行区分，但实际操作过程中，有的时候打一行太少，打两行太多，甚至打一行都太多。这样操作既不美观又浪费版面，如果空行出现在某一页页首将更加难看与不合理！

　　用敲回车的方式控制段落间距，在非正式场合也许还能将就使用，但在正式的文档里，建议使用Word里专业的工具：段落间距。

　　段落间距细分为段前间距和段后间距，中文版Word单位默认为"行"，具体设置的值能够满足阅读需求就可以，多调试几次即可，建议一次只设置一种间距，避免某一段段前间距与上一段段后间距叠加，使段落间距过大。

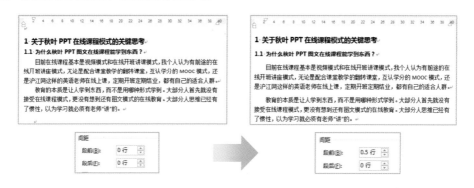

　　如果间距的单位要求为"X 磅"，则可以在框内将"0行"删除，直接输入"数值+磅"（如输入10磅）；如果表格名和表格之间输入回车发现间距太大，也可以使用设置"段后间距"的方法，使表格名和表格完美间隔开。其他情况，依此类推。

怎么科学地分页？

　　编辑文档时，需要另起一页进入下一章节，大部分人常常选择打N个回车的方式，这样的操作的确能实现快速达到目的（即直接使接下来的文字另起一页）。但随着前文增删文本，空行的位置不断后移，会出现下一页页首出现大段空行的情况。

　　为了避免出现这样的情况，我们可以插入"分页符"。

　　方法一：在需要换页处输入快捷键——Ctrl + Enter（回车键）。

　　方法二：使用菜单栏的按钮，即【插入】→【页面】→【分页】。

实例 02　使用分页符科学分页

典型的错误做法

大部分人习惯输入
大量回车键来换行
分页

前文增加一张图片

空行的位置不断后
移，下一页页首会
出现大段空行

推荐插入分页符

在分页处插入
Ctrl+Enter
注：如果显示了编辑
标记，则可以看到
"分页符"三个字。

分页符之前无论如
何增删文本都不影
响另起一页的内容

1.9　靠空格来控制文字位置？看标尺！

标尺是什么？怎么打开它？

在文档的上方及左侧，有两把标有数字，类似尺子一样的东西，叫做标尺。如果Word页面上没有这两把尺子，可以通过单击【视图】→【显示】，在【标尺】前打勾。

标尺上数字的默认单位是"字符"，这样可以突破不同大小的文字导致不同缩进值的限制。

标尺怎么用？每个符号有什么作用？

我们可以通过它查看和设置制表位、移动表格边框和对齐文档中的对象。主要说说"水平标尺"，水平标尺上除了有数字刻度，还有四个滑块，控制着文档内文字的位置，也就是文字的缩进，包括左缩进、右缩进、首行缩进和悬挂缩进。

悬挂缩进（三角部分）：段落除首行以外的文本缩进一定的距离

首行缩进：将某个段落的第一行向右进行段落缩进，其余行不进行段落缩进。

左缩进（矩形块部分）：将某个段落整体向右进行缩进

右缩进：将某个段落整体向左进行缩进

▲ **默认状态**：在没有拖动标尺上几个符号的情况下，缩进值均为0字符

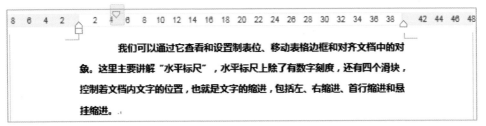

▲ **首行缩进**：拖动倒三角标志，段落第一行缩进一定字符

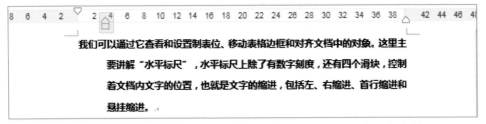

▲ **悬挂缩进**：拖动左侧正三角标志，除了段落第一行，均缩进一定字符

▲ **左右缩进**：拖动左侧矩形标志和右侧正三角标志，左右两侧均缩进一定字符

◀ 标尺上的各种缩进方式对应【段落】设置中的缩进选项，可以精准设定缩进值

实例03　标尺在文档排版中的实际使用场景

标尺在实际使用中，除了常见的文字缩进外，还可以帮助我们发现排版过程中出现的一些问题，下面将举几个非常实用的案例，来说明标尺给我们带来的意想不到的好处。

场景一：落款既想"居中对齐"又想"右对齐"

申请书等文档的落款字数常常并不一致，为了美观需要将两行落款居中对齐然后整体放置在文档右下角。

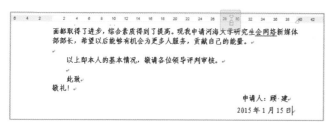

◀ 选中两行落款，按下快捷键Ctrl+E，使其居中对齐，然后拖动标尺左下角的矩形滑块，将其整体拖动到右侧合适位置即可

场景二：判断居中对齐的图片是否真的居中

在文档中插入图片后，由于继承了段落默认"首行缩进2字符"的格式，导致图片并未真正居中对齐，如果有标尺的参考，可以快速判断是否出现这样的问题，并快速解决。

▲ 图片已设置居中对齐，但观察左图标尺处，发现"首行缩进"滑块拖动了一定值，导致图片和题注并没有真正居中。显示了标尺，可以快速发现并纠正这一问题

场景三：表格数据始终无法居中对齐

从别处复制过来的表格常常出现表格框内的数字始终无法居中的情况，将鼠标光标放进单元格再观察标尺就可以发现，文字也发生了缩进，发现问题，拖动标尺，就可以恢复正常。

表格·1

港区名称	泊位个数（个）	年综合通过能力(万吨)	全社会吞吐量(万吨)
市区	323	3292	4196
吴江	240	1962	2767
昆山	163	1971	1607
张家港	301	2671	2564

1.10 文字怎么总是对不齐？试试制表位吧！

在Word中，你会怎么对齐文本？很多人都会首先使用敲空格的方式对齐，但是常常发现离对齐偏偏还差半个空格的距离。特别是针对同一行有多项文字的时候，更是如此：碰到一行有多种对齐方式的时候，更是不知道从何下手，结果就做得七歪八扭。

文字对齐这个问题，百分百会遇到，但是懂得巧妙解决的人却不多。有一个已经被多数人忽视的秘技——制表位，它能在不使用表格的情况下在垂直方向按列对齐文本。

制表位（Tab stop）是什么？

键盘上有个制表键（Tab键），按一下会形成一小段间隔，大部分人不知道这个按键的真实作用，常常把它当空格键用。按Tab键后会显示浅灰色的小箭头（在显示编辑标记下才能看到，不会被打印），要让Tab键真正发挥作用，还需要配合使用制表位（Tab stop）。

制表位是指在水平标尺上的位置，指定文字缩进的距离。根据其英文名，制表位就是Tab键停止的位置，即按Tab键形成一段间隔，制表位则为这段间隔设定距离等属性。

▲ 显示编辑标记的情况下，按Tab键，能看到一个灰色的小箭头，占据一格空间

▲ 在添加居中式和右对齐式制表符后，文本会按制表位位置自动对齐

制表位的入口共有两个。

入口一：打开标尺，在左侧边缘的制表符选择器内选择某一种对齐方式的制表符后，在标尺上单击即可添加，双击标尺上的制表符后即可进入制表位设置界面。

▲ 先单击左侧边缘选择某种制表位，再在标尺某处单击，即可插入制表位；拖住制表位可左右移动，调整制表位位置；拖住制表位移出标尺即可将其删除

入口二：打开段落设置对话框，单击左下角制表位按钮即可进入制表位设置界面。

制表位包括制表位位置、制表位对齐方式和制表位的前导字符，精准地调整制表位的这三个属性可以满足不同的需求。

▲ 方式一：双击标尺上的制表位

◀ 在制表位位置输入字符数，即可精准控制对齐的位置

▲ 方式二：段落设置内单击制表位

图示	名称	功能	备注
└	左对齐式制表符	文本沿制表符左侧对齐	常用
┴	居中式制表符	文本沿制表符居中对齐	常用
┘	右对齐式制表符	文本沿制表符右侧对齐	常用
┴	小数点对齐式制表符	文本沿制表符按小数点对齐	有小数点时可用
Ｉ	竖线对齐式制表符	文中沿制表符插入竖线	不定位文本，仅提供一个参考线，不常用

▲ 制表位对齐方式主要有以上5种（首行缩进和悬挂缩进常单独使用，此处不列出）

制表位的前导符指的是插入制表位后文本前显示的内容，默认情况是无（即留空），还有其他四种形式（一串点和下划线），比较熟悉的是自动生成目录里的一串点就是制表位的前导符。

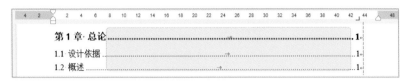

▲ 目录对齐的原理即制表位+前导符

制表位的用法

选择好制表位类型后，只要单击一下标尺的下沿就能够添加一个制表位。在文字段落中按Tab键即可添加一个制表符，从而把光标后边的文字"推"到下一个制表位对齐。通过拖曳调节制表位，能迅速调整一行中多栏文字的对齐位置。

制表符比表格厉害的是，它并不是真的表格，是属于段落的属性，因此它是对整个段落起作用的。同时有这些特性：

- 在未选择段落时设置制表位，它将对光标所在的那一整段起作用；
- 如果要多个段落有同样的制表位设置，请在设置制表位前选中多个段落；
- 在设置过制表位的段落中按回车，新段落会继承上一段落制表位设置；
- 可以用格式刷复制制表位的属性，在其他段落应用；
- 可以添加到样式，然后一键套用。

▲ 无论字数多少，均能按制表位的位置精准对齐

实例 04　老师们常出的选择题排版

在选择题排版过程中需要为题干部分添加统一的右对齐的括号，选项部分则需要对齐各个选项，巧妙地选择合适的制表位可完美解决这样的问题，存为样式后，还可以重复利用。

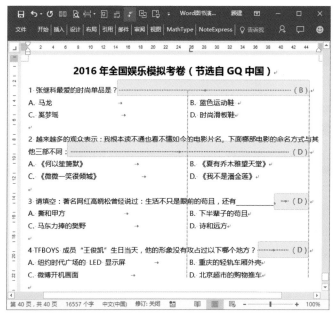

◀ 题干部分：右对齐式
制表符+点状前导符

◀ 选项部分：第二列
选项采用左对齐式
制表符

实例 05　理工科生论文里的公式排版

理工科的同学在写论文、研究报告时，需要把公式居中，编号右对齐排版，大部分人的做法是先将公式及编号右对齐，然后在公式和编号之间敲打空格，使公式居中对齐。这样的方法同样是费力不讨好的方法，选择插入居中式和右对齐式制表符即可轻松搞定。

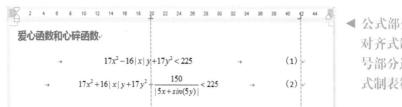

▶ 公式部分选择居中对齐式制表符，编号部分选择右对齐式制表符

爱心函数和心碎函数

$$17x^2 - 16|x|y + 17y^2 < 225 \qquad (1)$$

$$17x^2 + 16|x|y + 17y^2 - \frac{150}{|5x + sin(5y)|} < 225 \qquad (2)$$

实例 06　政府公文中对印发机关和印发日期的要求

《党政机关公文格式（GB/T 9704—2012）》中规定：印发机关和印发日期编排在末条分隔线之上，印发机关左空一字，印发日期右空一字。人为敲空格来控制常常不符合规范，利用制表位也可以轻松且精准地搞定。

▼ 左、右制表位位置分别设定为2字符、44字符（总宽占46字符，空一字占2字符）

印发机关和印发日期

江苏省人民政府办公厅　　　　　　2016 年 10 月 19 日印发

秋叶老师，以前我都是打空格的，不过无论打多少空格都对不齐！

制表位大法好！精准对齐大杀器，不错吧！

1.11　你听说过段落样式吗？

在长文档排版中，我们一般需要反复设置文档的文字格式（字体、大小、颜色等）、段落格式（段落间距、行距、首行缩进、段落对齐等）、大纲级别、边框底纹等，面对如此繁复的操作，即使用格式刷一遍一遍地刷，也是蛮累的。为了提高效率，克服这一系列繁复的操作，样式功能应运而生。样式已经包括了以上种种格式设置，因此，熟练掌握样式的设置与使用，是提高工作效率的手段之一。

无样式不成排版，样式是字符格式和段落格式的集合，在编排重复格式时，先创建一个包含该格式的样式，然后在需要的地方套用这种样式，就无须一次次地对它们进行重复的格式化操作了。

样式功能位于开始选项卡内，默认有一组样式表，我们来看一下这个"样式"在长文档的排版里究竟有何优势？

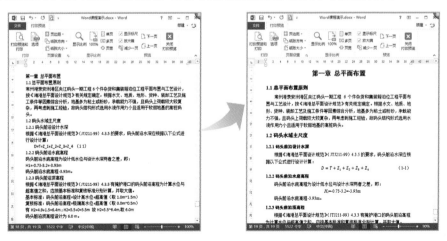

优势一：全文格式编排美观统一

选中段落，单击定义的样式即套用样式，段落就会拥有样式所具备的所有格式。全文中相同结构的文字将具备统一的格式，在省时省力的基础上又获得了极佳的效果。

优势二：一次修改，全文更新

如果文章中的大量相似的文本格式需要修改，只需要修改其应用的样式，在样式内修改格式，全文即可匹配更新。

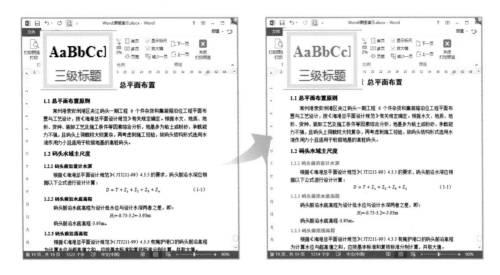

优势三：应用样式是自动生成目录的基础

样式包含了生成目录的信息，如果全文标题均应用了标题样式，单击菜单选项卡【引用】→【目录】即可自动生成目录，类似的机理，Word内部也生成了大纲和文档结构图，此时，单击【视图】→【显示】→【导航窗格】，即可打开导航窗格，看到井井有条的文档结构。

灵活掌握样式将会给文档排版效率带来质的飞越，更加详细的讲解将在第2章展开。

1.12 拉仇恨的 Word 自动编号！

默认情况下，如果段落以符号（如●、■）或数字"1."开始（数字后必须有其他符号如1、、1）和文字），Word 会认为你在尝试开始项目符号或编号列表。一敲回车键换行，Word就"自作主张"替你编号了。

但是这种自动化设置往往不合你心意：有时你并不需要编号；有时需要编号，等编完，敲回车键编号却停不下来；编完号发现序号与文字间距太大……总之，急死Word小白了！

Word这种自动套用格式设置，本意是减少用户麻烦，却事与愿违，其实调教好Word的自动编号功能，可以让你减少这样的烦恼。

1. 坚决不用：让Word永久停止自动编号

依次单击【文件】→【选项】→【校对】→【自动更正选项】→【键入时自动套用格式】，去掉"自动项目符号列表"和"自动编号列表"复选框里的√，这样Word就再也不会自动替你编号了。

2. 按需使用：先自动编号，不需要时则手动停止

在使用自动编号几次后，如果我们在后续的段落中根本不再需要编号时，只需要直接敲打两次回车（Enter）键即可完全取消Word的自动编号。

3. 更好地用：让序号和文字间距适当

有时候编号和文字之间的间隔太大的话，将光标放置在含有自动编号的段落，右键菜单中单击 "调整列表缩进"选项，弹出"调整列表缩进量"对话框后，对"编号位置""文本缩进"和"编号之后"等选项进行调整。

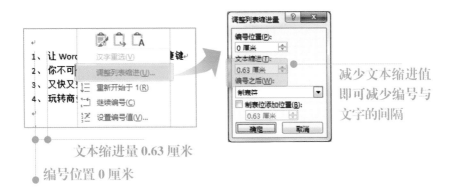

文本缩进量 0.63 厘米

编号位置 0 厘米

减少文本缩进值即可减少编号与文字的间隔

4. 自动编号的替代方法

如果你一开始就永久停止了Word自动编号，很快就会发现频繁手动输入编号是一件麻烦事。别担心，Word还提供了另一种编号功能，可以直接使用编号功能，给若干段文字编号。

"编号"功能位于段落菜单栏，内置了多种样式的编号类型，也可以自己新建个性化的编号样式。

如果一些样式的编号与文字间距较大，可用上面的方法调整。

选中需要编号的文字

单击【编号】，选择一种编号样式

此处讲解的自动编号仅仅指的是在文档中手动插入编号后Word自动更正新编号的情况，还有其他形式的自动编号，如常见的文档各级标题的"多级列表"和图表的编号（即"题注"）将在第4章、第5章详细展开。

1.13　Word 页面忽大忽小，怎么恢复原状？

有的时候，打开Word软件，整个页面变得只有原来页面的四分之一的大小，打上去的字也很小。不明所以的你以为程序坏了，不知道该怎么办，甚至用不断增大字号的方式来解决，其实这只是页面显示比例的问题。

显示比例用于在Word、Excel、PowerPoint等Office软件窗口中调整文档窗口的大小，显示比例仅仅调整文档窗口的显示大小，并不会影响实际的打印效果。

◀ 此时，如果观察文档下方，就会发现"显示比例"为20％，并不是100％，所以文档才显得特别小。

实际上只需要按住Ctrl键并滚动鼠标滚轮即可调节显示比例，或者直接左右拖动调节右下角的显示比例。

向上滚动滚轮，页面显示增大

向下滚动滚轮，页面显示减小

左右调节滑块，页面显示增减

另外，依次单击【视图】→【显示比例】→【多页】，然后再缩小页面比例，就可以看到如右图一样，文档页面平铺在Word内，可以看到通篇的格式。

如果单击"页面比例"可以具体调节显示的比例，单击"100%"就可以将视图恢复默认大小。

1.14　留心观察 Word 界面，你会发现更多！

Word是一款所见即所得的软件，你的任何操作，Word都会有相应的提示。如果你对Word比较熟悉，这些提示将会告诉你当前Word所处的状态，这些状态能够让你迅速做出判断，纠正错误或更改操作。

1. 功能提示：将鼠标指针悬停在按钮上，Word会给出其功能提示

将鼠标指针放置在某个你不熟悉的按钮上，Word会出现菜单的名称、快捷键、功能简介等信息

注意到这样的提示，能帮助你了解不熟悉的功能及快捷键，也是学习Word的一种方式。

2. 格式信息：将光标置于文档中，在功能区观察格式信息

可了解到该段文字为黑体，小二，加粗

居中对齐　　显示编辑标记

标尺信息：没有缩进

该段文字使用了一级标题样式

注意到文本格式信息，能实时了解文本格式是否符合要求，打开字体、段落设置等对话框，可查看更多文本格式信息。

3. 兼容信息：在标题栏可观测本文档版本及兼容模式

当你打开的是低版本软件编辑的文档（如Word 2013/2016打开后缀为doc的文档、Word

2016打开Word 2013编辑的文档时等），标题栏就会出现兼容模式，Word高版本中的部分效果或功能在本文档中将无法实现。

4. 状态信息：在状态栏可了解文档的更多信息

文档字数，单击可打开字数统计

按Insert键，此处会变为 改写
输入文字会覆盖（吃掉）后面的字

文档的页码，单击可打开导航窗格

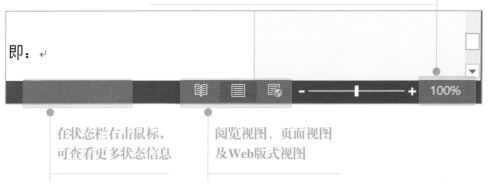

文档显示比例，左右可调节，单击可打开详细设置

在状态栏右击鼠标，可查看更多状态信息

阅览视图、页面视图及Web版式视图

5. 新增选项卡：在插入图片、表格等时菜单上会出现新增选项卡

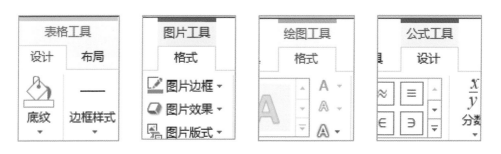

1.15　老板永远打不开的 Word！

自 Microsoft Office 2007 以来，Word 文件的后缀名已由 .doc 升级为 .docx，即在传统的文件名扩展名后面添加了字母 x，这样一来用新的基于 XML 的压缩文件格式取代了之前专有的默认文件格式，更加节约空间并且更加安全。直接区别是兼容性问题，Word 2003 不能识别 .docx 的文件，Word 2007 及以上版本能向下兼容 .doc 的文件。

Word 2003　　　　Word 2007　　Word 2010　　Word 2013　　Word 2016

文件后缀名为 .doc　　　　　文件后缀名都为 .docx

目前有一部分人用的是 Word 2003，这样一来就会出现一个问题，如果说今天我编辑的一份文档默认是 .docx 格式，而老板用的却是 Word 2003，那老板根本就无法打开这个文件！正因为如此，一方面我们要主动将文件保存为 .doc 格式，另一方面也要准备好用 Word 2003 打开 .docx 格式文件的方法。

用 Word 2016 编辑完文档后，按 F12 键，可快速另存为 .doc 文件，如果不记得快捷键，也可以单击【文件】→【另存为】，及时做版本转换可为自己减少不必要的麻烦。

世界上最遥远的距离是我都在用 Word 2016 了，而你还在用 Word 2003……

1.16　PDF 可以完整地转换为 Word 吗？

因具备保持文档原貌、跨平台传播等特点，PDF文档越来越受欢迎。平时在Word文档的编辑过程中常常碰到PDF类型的资料，于是很多人都想知道如何将PDF完整地转换为Word。

一般常见的PDF文档主要有两类：① 由Word软件转存而成，可直接复制的文字型PDF文档；② 由扫描仪扫描纸质版文件生成的图片型PDF。如果能将PDF转换成Word，能减轻不少重新录入文字的负担。不过，由于不同的编码系统，PDF都无法"完整"地还原为Word格式，转换效果会打一定折扣。为此，本节提供多种转换方案互为补充。

Word 2013/2016——Word开挂直接打开并转换PDF

自Word 2013以来，Word就已经开始支持编辑PDF文档，只需在PDF文档上右击鼠标，选择使用Word 2013/2016打开即可。在打开过程中会弹出如下对话框，提示用户PDF转换为可编辑的Word文档时，可能看起来与原文档有些不同，原文件包含的大量图形更易失真。

经测试，① 当PDF为Word另存生成的，转换效果较好；② 支持较清晰的扫描版文档，不清晰或较复杂时会出现以图片形式插入到Word的假转换。

Smallpdf —— 您所有PDF问题的免费解决方案

选择PDF转为Word，上传PDF文档，单击转换即可。不过对PDF的大小有一定限制，太大的文档处理受限。借助该网站还可以实现Word文档逐页转换为图片的需求。

该网站对图片型PDF转换效果不佳，对文件转换数量及大小有限制。不过，Smallpdf 包含了各种与PDF转换相关的功能，让你轻松玩转PDF。

Solid PDF转换器——Smallpdf 在线工具的技术提供商

SOLID DOCUMENTS 是市场上最实用的 PDF 至 Office 转换工具。Smallpdf 在线转换工具和 Adobe Acrobat Pro 都使用 SOLID DOCUMENTS PDF 转 Office 的技术，可以下载Solid PDF转换器在PC端实现PDF文档的转换。（付费软件）

ABBYY FineReader——可以转换几乎所有打印的文档类型

ABBYY FineReader是一款OCR图片文字识别软件，可以快速、方便地将扫描纸质文件、PDF格式及图像转换成可编辑格式，是目前市面上认可度非常高的PDF转换工具。该软件功能强大、操作简单、界面良好、效果惊人，可以在官网下载使用体验。（付费软件）

 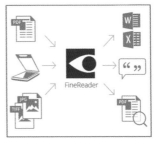

官方有详细的使用指南

这些PDF转换软件的背后都离不开OCR技术（Optical Character Recognition，光学字符识别），它采用光学的方式将纸质文档中的文字转换成为黑白点阵的图像文件，并通过识别软件将图像中的文字转换成文本格式。如何除错或利用辅助信息提高识别正确率，是OCR最重要的课题。即使是声称有99.8%的识别准确率的ABBYY FineReader也无法保证100%原貌转换为Word，当掌握熟悉的Word技巧，利用排版技能就能完美弥补软件的不足。

1.17 Word 遇到问题还得找 Word!

在使用Word的过程中，难免会遇到找不到某个功能按钮的困扰，紧急时想问个熟悉Word的人，可他偏偏不在电脑旁边，也不记得Word的布局。其实Word具有良好的帮助系统，当我们对某一功能不了解时，可以随时按F1键打开帮助菜单或在"告诉我你想要做什么"框中输入你的疑问。

从搜索结果中，你可以快速找到要使用的功能或要执行的操作。以搜索"目录"为例，会弹出5个与目录相关的按钮，以及一个帮助和一个智能查找的按钮。

"告诉我你想要做什么" 是Word 2016的新功能，是以往Word系统帮助的升级功能，在联网情况下查询出来的帮助和智能查询内容很丰富，可以在不中断工作的情况下，直接在Word内把问题解决，从而大大提高了我们的工作效率，下次有问题记得先问问Word吧！

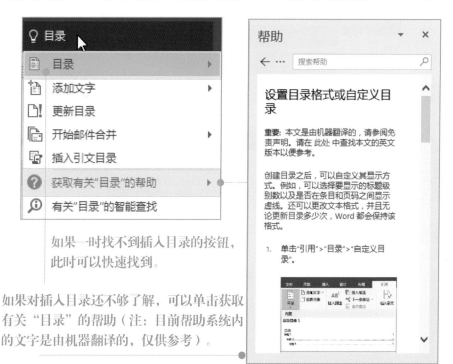

如果一时找不到插入目录的按钮，此时可以快速找到。

如果对插入目录还不够了解，可以单击获取有关"目录"的帮助（注：目前帮助系统内的文字是由机器翻译的，仅供参考）。

和秋叶一起学Word

—— 排版流程 ——

CHAPTER 2

这样做才专业！

- 原来用科学的方式，不仅专业，而且高效！
- 本章教你掌握排版的基本流程，优雅排版！

2.1 排版流程：了解科学排版的过程

Word排版基础：文字处理

　　Word的基本功能是用来做文字处理的。文字处理的概念相对简单一些，指对文字本身的处理，比如设置字体、字号、颜色、特殊效果等；文字组成段落后又有了段落设置，比如首行缩进、段落间距、左右居中对齐方式等，下图为一篇文档的基本文字处理。

　　除了基本的文字处理，再加上版面设置、页边距、页眉、页脚、页码、目录、题注、尾注等，就可以称得上是排版了。排版是一个高度组织化与结构化的工作，在排版的过程中，使用自动化的功能，比如样式、多级列表、题注等，可以让排版更加快捷方便。

　　Word排版不宜追求花哨华丽，作为一个文档，美观的标准应该是文字易于阅读，段落层次清晰，图文布局合理。Word文档是不能用海报的标准去审美的，Word排版应当是用最通用的格式和用最高的效率获得最舒适的阅读体验。

Word排版典型要素

下图即为Word文档的一页，基本包含了构成页面的所有元素，从中可以了解到排版究竟排的是什么，这些页面要素之后都将会用到。

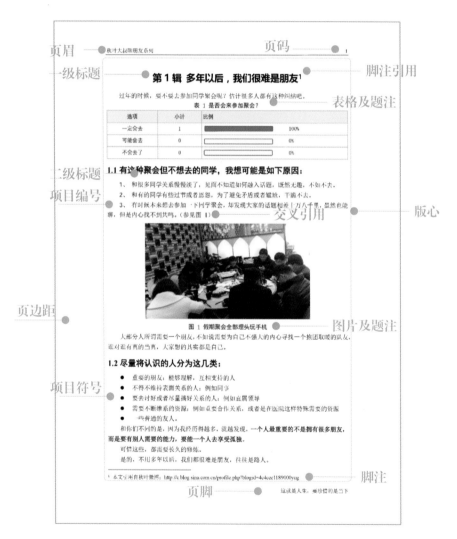

以上页面元素都是需要通过Word制造出来的，它们属于显性的要素。除此以外，还存在一些隐性的排版效果，比如：奇偶页页眉不同，多重页码系统，每章从奇数页开始等。

Word排版的两种模式

现实生活中，大部分人都是先输入文字，插入图表，一切搞定之后，才考虑排版的问题。在排版之前，这个文档只能算作带有图表的TXT，后期进行一步一步调整格式，反复使用格式刷——我们称这种排版模式为改造Word文档。对于这种后天拼命的方式，如果没有掌握一定的技巧，效率会比较低下。另一种排版模式为边录入边排版，也许你会觉得，这样会造成对写作的分心。这种方式的前提是格式与内容分离，事先准备好格式，录入文字的时候，就不需要操心格式的问题，你只需要专心写作。事实上，这两种模式都可能被用到，针对不同的情况，我们采用不同的策略。甚至两种模式之间还有共通的地方。

1. 改造Word文档

事先没有为文本设置格式，或者设置了多余的格式（比如段落之间出现了空行），或者设置的格式不统一（比如有不容易被察觉的段落间距、文字行距前后不统一）。以上情况都会成为Word排版的障碍，所以改造Word文档的第一步就是清除格式，具体可以参考以下几步。

清除全文格式：按快捷键Ctrl+A，选择全文，单击【开始】选项卡→【清除格式】菜单。

清除全文空行：按快捷键Ctrl+H，打开【查找替换】对话框，查找内容中输入^p^p，替换内容中输入^p，单击【全部替换】按钮，重复单击几次【全部替换】按钮，直至全部替换。

清除无用空格：比如首行缩进是用空格打的，PDF复制过来有多余空格等，按快捷键Ctrl+H 打开【查找替换】对话框，查找内容中输入^w，替换内容中不输入任何内容，单击【全部替换】按钮（注意避免删除掉有效的空格）。

清除全文格式可能会导致格式全部丢失，谨慎使用

> Word、PPT、Excel 哪一个最值得你花精力去学?
> Word 软件使用频率最高，所以最需要学习，一定能节约最多的时间。
> 对了有个段子你听过没有——"我很小的时候就明白了，系鞋带会浪费掉一生中三年光阴，
> 于是我从不买有鞋带的鞋子。很多事情你得研究透彻，讲究效率。"嗯，这话不是我说的，
> 是 CNN 创办人特德·特纳说的。
> 所以我学习软件，往往花费最大量时间研究最常用的软件用法，因为这可以给我节约最大量
> 的时间。而时间才是我最宝贵的财富。

文档洗干净可以排版了

　　以上得到一个没有多余格式的文档，接下来的操作就是与边录入边排版共通的地方：先从头开始设置样式，然后分别套用样式，为图片添加自动编号（题注），在文中引用图片编号（交叉引用），最后进行页眉页脚处理。

2. 边录入边排版

　　所谓边录入边排版，其实需要在录入文档前有一个整体规划，并准备好接下来需要用到的段落样式，也就是准备好"格式"，之后录入"内容"，就能做到边录入边排版。宏观来看，也就是Word排版6步走。

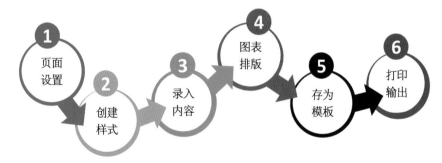

　　页面设置——排版的第一件事，单击【页面布局】→【页面设置】，可以事先确定好文档的纸张大小、方向、页边距、页眉页脚的位置等。相关内容参见第4章和第5章。

　　创建样式——在1.11节已经简单介绍了样式的功能，样式是Word排版工程的灵魂，所有自动化的操作都根据事先规划好的样式完成。更多内容将在2.2节详细介绍。

　　录入内容——也就是录入文字、图片、表格等文档内容的过程，并同时套用样式。

　　图表排版——丰富的文档离不开图表的搭配，如果处理不当，图片会到处乱跑，表格则会非常不专业（参见第3章）。当图表数量较大时，也要依赖题注来自动编号，参见2.4节。

　　存为模板——如果这种类型的文档你会经常使用，可以将其存为模板以便日后直接套用。你也可以下载现成的模板找找灵感，这部分将在2.5节详细介绍。

　　打印输出——如果打印出了问题，排版就等于白排，打印问题将在2.6节详细介绍。

2.2　样式：Word 排版工程的灵魂

样式

在第1章曾简单介绍过样式为Word排版带来的好处，无样式不成排版。样式是字符格式和段落格式的集合，在编排重复格式时反复套用样式，可以减少重复化的操作。

因此，在排版之前应该考虑文档中可能会用到的段落样式。

标题类样式：大标题、一级标题（章标题）、二级标题（节标题）、三级标题……

正文类样式：正文、图片题注、表格题注、表格内容、公式……

一般来说，我们会事先设置好各级标题样式和正文样式，随着排版内容的增加再不断增加样式。

内置样式

一打开Word就在样式功能区列出的样式，我们称之为内置样式，它们位于【开始】选项卡的【样式】功能区，默认有16种样式会在样式库中显示。

不过内置样式并不能完全符合实际需求，一方面其包含的格式有些丑陋，需要手动修改格式作为弥补；另一方面其中只有一部分会使用到，需要新建样式作为补充。

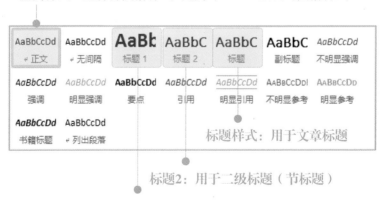

正文样式：是各种段落样式的基准，Word默认的段落样式

标题样式：用于文章标题

标题2：用于二级标题（节标题）

标题1：用于一级标题（章标题）

【正文】样式是文档中使用的基于 Normal 模板的默认段落样式，也是Word内置段落样式的基准，也就是说一旦正文样式发生改变，会牵一发而动全身——会搞乱正文内原本整齐的格式，也会影响到以此为基准的标题样式。

　　所以笔者在此特别建议，不推荐修改内置的【正文】样式。还有一个原因是：【正文】样式不包含"首行缩进2字符"格式，这与中文文档段落首行空2个汉字的习惯不符。为此，笔者推荐根据正文格式要求新建样式或使用隐藏的【正文缩进】样式，我们稍后介绍。

　　在样式库中展示的标题类样式有【标题】【副标题】（不常用）【标题1】和【标题2】（类似还有隐身的【标题3】等，后续会讲解如何使其现身），这些标题样式可以与实际文档内容对应如下。

　　其中，大纲级别是为文档中的段落指定等级结构（1级～9级）的段落格式，用于描述文档的层次关系。下图的导航窗格可在【视图】→【显示】中勾选【导航窗格】打开，方便展示文档结构。内置样式因为包含了大纲级别，所以可以对应实际文档的层次关系。

　　内建样式是Word自带的，其核心设置符合Word内部引用规则，如目录的调用、自动编号的调用，直接使用它们会更加便捷可靠。不过内置标题类样式，格式并不美观，需要在此基础上重新修改。

让更多隐身样式现身

样式库中推荐的样式并不全面，如果有更多标题级别就需要调出如【标题3】和【标题4】这些样式；如果需要满足首行缩进2字符的样式，还可以调出【正文缩进】样式。

单击样式功能组右下角的箭头🔳，弹出样式窗格（快捷键Alt+Ctrl+Shift+S），单击【标题2】即可快速调出【标题3】，单击【标题3】即可快速调出【标题4】，依此类推。

如果需要调出【正文缩进】，则需要单击下方管理样式按钮，找到正文缩进样式，指定优先级为1级，选择显示，确定即可。

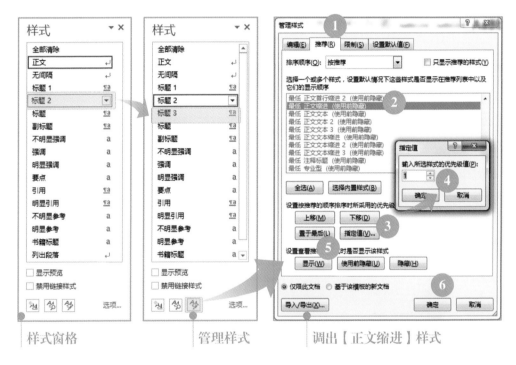

样式窗格　　　　　管理样式　　　　调出【正文缩进】样式

刚刚现身的【标题3】和【标题4】会直接出现在样式表中，而【正文缩进】样式则不会直接出现在样式库中，对于这样的情况，可以在样式窗格中右击鼠标，选择添加到样式库即可。对于不需要的样式可选择从样式库中删除（也可以直接在样式库中右击鼠标删除），这样你就可以打造好属于自己的样式库了。

▲ 添加到样式库　　　　　　　　　　　▲ 从样式库删除

样式的修改与新建

明白了样式的内涵后，再稍加改造样式，样式就能很好地为我们所用。修改内置的样式非常简单，样式包含了多种基本格式：字体、段落、制表位、边框、语言、图文框、编号、快捷键、文字效果。

本节以修改【正文缩进】样式为例详细介绍，如上页图所示，将指针放在【正文缩进】样式上单击右键，选择 ✍ 修改(M)... ，弹出样式设置对话框，单击左下角的【格式】可以详细设置9类格式。

样式设置下方有个选项是【自动更新】，是否勾选是个值得注意的问题。自动更新的含

义是应用了某种样式的文本格式一旦改变，其他应用该样式的文本将会自动更新格式。

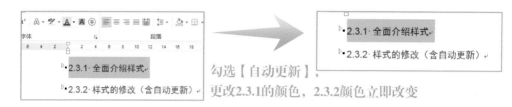

勾选【自动更新】，
更改2.3.1的颜色，2.3.2颜色立即改变

　　标题类样式建议勾选【自动更新】——只需更改任意某个标题，其他标题自动变化更新；正文不建议勾选——正文各段落内格式可能会有"局部的改动"，不希望应用于全文。如果无法确定的话，建议全都不勾选，需要修改格式时，可直接在样式内修改，也能实时更新。

样式格式修改——字体、段落

操作：单击上一页的【格式】选择【字体】即可设置字体格式

注意：对于一篇文档，可以分开设置中、英文字体。

比如：一般文档设置中文为宋体、英文为Times New Roman后，在文档内输入文字时，系统就会自动识别中英文，并分别匹配相应字体。

操作： 单击【格式】选择【段落】

对齐方式： 如果需要居中则选择居中对齐，其余均选择两端对齐

大纲级别： 标题、标题1对应1级标题、标题2对应2级标题，类推，其他正文等非标题类选择为正文文本

缩进： 对于正文设置首行缩进2字符

间距： 有两种单位（行和磅），若需修改，如可删除0行，直接输入6磅

行距： 选择固定值，即可设定为磅数（如25磅）；选择多倍行距，即可设定为非整数倍行距（如1.2倍行距）

注： 缩进、间距、行距具体设定的值视具体要求或实际美观度而定

　　上述设置了最常用的字体与段落，9 类格式里制表位、边框、语言、图文框、文字效果在样式内极少应用，此处不作介绍，而快捷键将在下一节介绍。尽管编号功能对于实现Word编号自动化非常有效，笔者不建议在此处修改，后续第4章和第5章会讲解如何将多级编号链接到样式以实现自动多级编号。

样式的新建

　　标题类样式建议修改内置样式，正文类样式建议新建样式（如图片题注、表格题注、表格内容、公式等），打开样式表的拓展页面，找到创建样式或打开样式窗格左下角的新建样式按钮即可新建样式。新建样式对话框的设置与修改样式的对话框类似，设定好格式后，新建的样式会自动出现在样式表。

实例 07　新建样式的两个入口

创建样式 → ⫶ 创建样式(S)　　　　　　　　　　　　　　或　　　　　　　　　　　　　　新建样式

根据格式化创建新样式

名称(N)：
样式1

段落样式预览：

样式1

确定　修改(M)...　取消

根据格式化创建新样式

属性

名称(N)：样式1

样式类型(T)：链接段落和字符

样式基准(B)：↵ 正文

后续段落样式(S)：↵ 样式1

格式

等线 (中文正文) 五号 **B** *I* U　　自动　中文

　　新建样式名称建议自定义，样式类型简单来讲一般分为字符、段落及链接段落和字符，其中，链接段落和字符样式在选中文字时，仅对文字起作用，否则对整个段落起作用，所以一般选择链接段落和字符即可；样式基准选择正文，后续段落样式选择文档正文所选用的样式。新建样式一般在前期规划好，或者在排版过程中发现某一组格式需要经常使用，便可以再增加样式。

新建样式后对样式内各项格式的设置可以参照前文的讲解哦～

样式指定快捷键与科学命名

随着样式的增加，如何记住这些样式的功能并快速调用这些样式呢？答案是合理的命名+好记的快捷键，好的命名有两个参考原则。

第一个原则：样式代表了什么就命名为什么，但不能重名。

第二个原则：在样式名称里带上快捷键。命名时如果一并把快捷键记上去，可以随时唤醒记忆（快捷键可以自定义）。

综合以上两个原则，专属的正文样式可命名为"正文alt+z"，代表该样式为正文样式且快捷键为Alt+Z，同时也不重名。

修改或新建样式都可以自定义名称

单击修改样式对话框左下角的【格式】→【快捷键】，弹出【自定义键盘】对话框，快速设置快捷键，输入一组未指定的快捷键之后，单击【指定】按钮然后【关闭】即可。

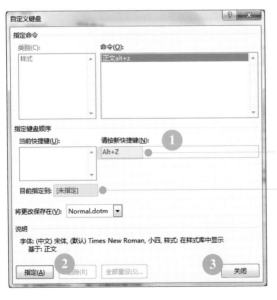

在键盘上按你需要使用的快捷键组合

如果键入的快捷键已存在，此处会提示该快捷键指定的操作

当然，自定义的快捷键也要便于记忆并且手指容易按下为宜，如可将标题1、2、3的快捷键设置为Alt+1、Alt+2、Alt+3。

就这样享用样式

设定好了样式，使用方法也非常简单，因为之前设定的都是段落样式，所以只需将光标放置在文字所在段落，单击样式表中的样式即可。上节已经为样式指定了快捷键，所以直接按快捷键Alt+1就可以为一级标题设定样式了。

另外，还记得之前设定的后续段落样式都是【正文缩进】样式吗？也就是说一级标题设定完成后，按回车键，后续格式自动变为【正文缩进】了，如果没有二级标题，就可以直接录入正文文字了，是不是很简单，很方便？

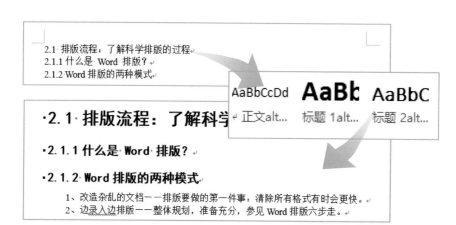

除了文字应用样式，也可以反过来，把文字的样式匹配更新到样式。如果你发现正文选择的样式不符合你的需求，可以直接在文中修改好各种格式，将光标放于段落内，在需要更新的样式上单击鼠标右键，选择"更新正文alt+z以匹配所选内容"。

样式应该是 Word 中最好用的功能，掌握它优势多！

| 批量更改格式 | 轻松提高文档颜值 | 快速结构化文档 | 创建自动目录、编号的基础 |

其他样式

前文讨论的很多都是针对段落而言的，属于段落样式，是最为常用的。实际上样式一共分为 5 类：字符、段落、链接段落和字符、表格、列表。其中较为常用的还有两种样式：字符样式——专门为字符设置的样式；表格样式——使文档内表格使用统一的样式。

字符样式仅用于所选文字的字体格式，如样式表中内置的书籍标题，选中文字即可应用字符样式。

字符样式可以设置的格式包括：字体、边框、语言、快捷键及文字效果。如果文档中需要频繁使用字符样式，配合使用快捷键会十分方便。

表格样式是独立于以上文字段落样式的，只有插入表格后才会出现，类似的，系统内置了一些表格样式，调用不同的表格样式可以呈现不同样式的表格，该部分内容将在第6章详细介绍。

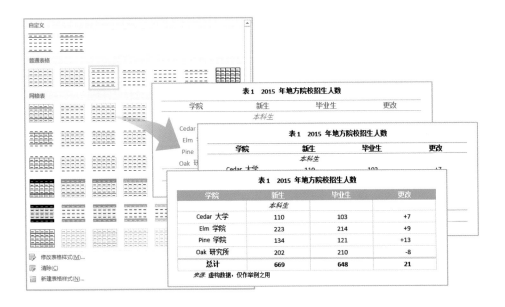

样式、主题与模板

正如本节标题，"样式"是Word工程的灵魂，在本节讨论了各种"样式"之后，还将讨论"主题"和"模板"两大工具。

宏观上讲，"模板"是一份现成的文档，是制作各类规范文档的贴心助手，可快速提升效率，配合"主题"可以使文档更具个性与特色！"样式"则是"模板、主题"的根基，是一组预设的格式类型。

▲ Word内置新闻稿模板

"模板"是一个现成的文档，能够帮助设计有趣、令人称赞并具有专业外观的文档。该文档包含了各种样式，现成可用的图片和文本等。

每次打开"模板"文档，就以此为基础新建文档，为标准化、便捷化操作提供了便利。

模板文件内所有的格式都比较完整，如常见的简历模板、论文模板和新闻稿模板等。

"主题"则是为文档添加一个设计师质量的外观，通过使用主题，用户可以快速改变Word文档的整体外观，主要包括字体、字体颜色和图形对象的效果。主题的字体方案和配色方案等将继承到一组快速样式集。

"样式"是Word格式化操作最根本的功能，"模板"的核心是其包含的各种实用的"样式"（文档的各个部分对应着不同的样式），"主题"呈现出来的效果——快速样式集，本质也是一组"样式"。

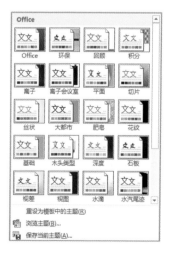

▲ Word内置主题

▲ Word内置样式

2.3　主题：Office 永远提供捷径

若要给文档添加一个设计感的外观——具有协调的主题颜色和主题字体，那么需要应用一个主题。

主题其实是一种效果集合，由一组格式选项构成，其中又包括一组主题颜色、一组主题字体（包括标题和正文字体）及一组主题效果（包括线条和填充效果），用于改变文档的整体外观而不改变其内容。选中某个主题，你的文档效果就会瞬间变样。

主题位于顶部菜单的【设计】选项卡，左侧是该主题的样式集

Word 2016内置了32款主题，并取了32个极具特色的名字，不同主题拥有不同的字体选择、配色方案和主题效果，其中第一款Office为基本款，中规中矩，无特别的效果。

另外，还内置了17组样式集，样式集实际上是文档中标题、正文和引用等不同文本和对象格式的集合（样式的集合）。

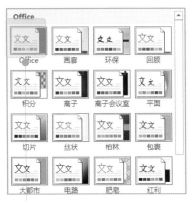

选择基本款，Word回归质朴

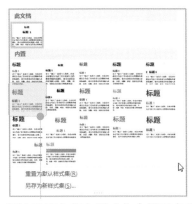

指针悬停在某个样式集会显示名称

主题、样式集与样式的使用方法一致，单击某个主题或样式集即可快速格式化文档，让你的文档由丑小鸭化身为白天鹅。

样式集是主题的子集，在不同的主题下，都可以套用任意一种样式集。换句话说，不同的主题与样式集搭配，就可以形成32×17=544种搭配方案。

实例 08　应用主题及样式集发生的变化

原始文档为Word内置的
一份色彩丰富、图文混
排的传单

应用【平面】
主题，变换
颜色

应用【极简】
样式集，变换
字体、段落

▲ 颜色居多的文档

▲ 文字居多的文档

原始文档为文字居多
应用【平面】主题，变换颜色
应用【极简】样式集，变换字体、段落

主题颜色

当选择内置某一款主题时，文档会自动应用一组预设的主题颜色，但仍旧可以在【设计】→【颜色】内选择内置的一组颜色或自定义颜色。

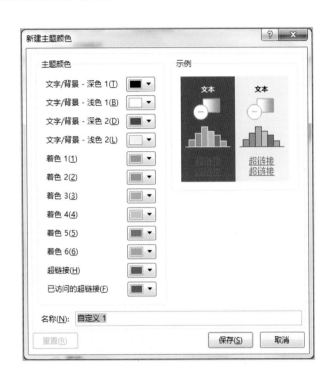

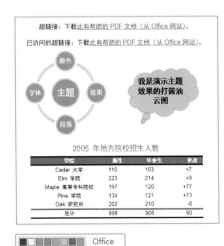

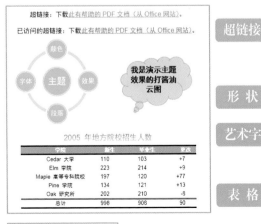

主题字体

　　主题字体可以一次性区分标题与正文的字体，区分中文与英文的字体。单击【设计】→【字体】选项，依旧可以选择很多内置的字体集，读者可以单击切换不同的字体方案。值得注意的是，想要使标题与正文分开设置字体，需要事先分别应用样式。

自定义字体可以分别设置标题与正文字体，你可以修改新建主题字体名称，保存供长期使用
内置字体方案中：第一行是英文标题与正文字体，第二行为中文标题与正文字体

▲ 内置多种字体方案

　　有了以上关于中文、英文字体分开设置的意识，我们就可以解决Word默认英文字体为Calibri字体，而正式文档需要改为Times New Roman字体的问题了。

◀ 新建一种字体方案：英文字体改为Times New Roman并应用即可

段落间距

　　段落间距就是段落与段落之间的间距，适当增加段落间距会使文档看起来层次清晰，便于阅读。

无段落间距	压缩	紧密型
段前: 0 磅 段后: 0 磅 行距: 1	段前: 0 磅 段后: 4 磅 行距: 1	段前: 0 磅 段后: 6 磅 行距: 1.15
打开	松散	2 倍行距
段前: 0 磅 段后: 10 磅 行距: 1.15	段前: 0 磅 段后: 6 磅 行距: 1.5	段前: 0 磅 段后: 8 磅 行距: 2

内置6种段落间距样式，段落间距和行距逐步增大。从文档看，行与行、段与段之间越来越分离，稀松

段落间距			
段前(B):	0 行	行距(N):	设置值(A):
段后(A):	6 磅	1.5 倍行距	

自定义段落间距，可以设置的选项包括段前、段后间距及行距

　　▲ 内置多种段落间距

松散型，段落清晰 ▼

▲ 无段落间距，段落拥挤

主题效果

　　主题效果是用来改变Word内的SmartArt、形状、图表，以及艺术字的阴影、立体等效果的，但实际生活中我们很少应用它。Word内置了16种主题效果，但研究发现，不同的主题效果，基本上内置的效果差别一般很小，实用价值不高。

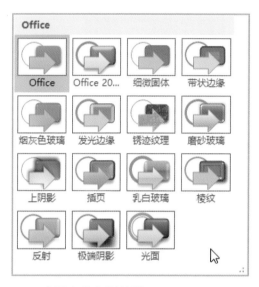

▲ 内置多种主题效果

◀ 效果：Office

◀ 效果：有光泽

▲ 两者差别较小

保存自定义主题

　　根据自我感觉及实际需求，调整好的主题颜色、字体、段落间距及效果可以打包存为一个新主题。在【设计】选项卡找到【主题】功能组，单击【保存当前主题】，键入一个描述性的名称保存即可。下次需要使用该主题时，同样单击自定义的主题应用即可。

2.4　题注：图表自动编号全靠它

图解题注

为了编排文档中的图片与表格等，通常在图片下方、表格上方添加一段文字说明，这行文字我们称之为题注。也就是说，题注就是给图片、表格、公式等项目添加自动编号和名称。

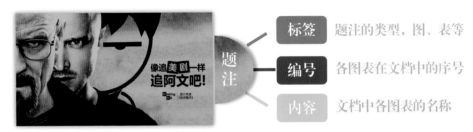

图 1-1 和阿文一起学信息图表

在Word中使用题注功能可实现长文档中的图片、表格等项目能按照流水线，自动编排序号。并且不再需要担心图表的删减与移动位置导致编号混乱，有了题注可以实现图表编号自动更新，还能利用题注轻松生成图表目录。

制作题注

插入题注的步骤如下：在正文插入图/表之后，选中图/表→【引用】标签页→【题注】组→【插入题注】→题注对话框→选择标签→【确定】完成插入，重复插入编号即可自动累计，默认为图1、图 2……的流水编号形式。需要注意的是，删改含有题注的图表后，可以选中当前页的图表后（或按快捷键 Ctrl+A 全选文档），按F9键进行手动更新。

【引用】标签页→【题注】组→【插入题注】

在题注设置对话框中，默认有一个标签，还可以单击新建标签，设置满足自身需求的标签，如"图""表"；不同标签情况下的题注位置是不同的，可在位置选项中选择，一般图片题注在所选项目下方，表格题注在所选项目上方；最后在题注框中会自动生成标签+编号，可以在框中输入图表的名称。

对于Word没有内置的标签，单击新建标签可以新建，如新建标签"图"

在此继续输入题注内容即图片名称

在此选择标签及位置，一般图片题注在下方、表格题注在上方

此处可以为预设自动编号，如插入表格后自动插入题注

此处可设置带章节号的题注，如使图1变为图1-1的形式

自动添加题注

在题注对话框中有一个按钮：【自动插入题注】——真的能实现吗？

单击【自动插入题注】按钮，除位置和格式设置外，Word列出了所有支持自动插入题注的文件类型：也就是说，只有当你插入的文件满足这些类型时，题注才会自动生成。

尽管可选的类型很多，但最常用的是勾选【Microsoft Word 表格】，设置好标签位置后，当再有符合类型要求的文件被插入文档时，就会自动生成题注了。

需要注意的是：设置完自动插入题注后，只有此后插入的文档才会自动添加题注。此前已经存在的文档，即使符合文件类型要求，也不会自动生成题注。如果希望统一批量添加，需要设置宏等其他途径实现。

▲ 如勾选【Microsoft Word表格】，并设置好标签位置后，后续插入表格后会自动插入题注

把章节号添到题注里

在论文撰写时，常常需要在图表编号中把章节号也体现出来。譬如，第1章的第1幅插图就是图1-1，第2章第3幅插图就是图2-3。这样的编号格式，需要在【编号】内设置，进入题注对话框→【编号】→题注编号对话框→勾选【包含章节号】。

▲ 单击【编号】按钮可设置带有章节号的题注编号格式

"选择链接到标题样式的编号方案"，这天书般的提示是什么意思？其实分解开来，就是两个含义：① 给章节标题设置标题样式；② 将章节标题与多级列表链接起来。

此处的核心是【多级列表】功能，它位于段落选项卡，它能够为各级标题自动编号。如果没有做相关设置将会出现"错误!文档中没有指定样式的文字"，设置关于【多级列表】将在5.6节详细介绍。

题注样式固定

当插入一次题注后，样式组内就会出现内置的【题注】样式，也可以针对文档要求进行修改。可进入【开始】标签页→样式工具栏→样式库右侧箭头→找到"题注"样式→右击该样式→【修改】。

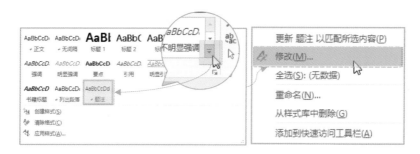

在修改样式对话框中，找到格式栏，将题注设为居中。如果你对题注有其他格式要求，也可以一并在此处设置：是否加粗、用多大的字号、是否用区别于正文的字体、行间距设置等，设置完成后确定退出，所有的题注格式就全部更新了。

题注编号也要交叉引用

图表编号可以通过题注进行自动生成，往往文中还需要引用图表编号，这个功能就叫交叉引用。如下图所示就是此类对文档中某一处内容的引用。常见的引用对象包括标题、脚注、书签、题注、编号段落等。

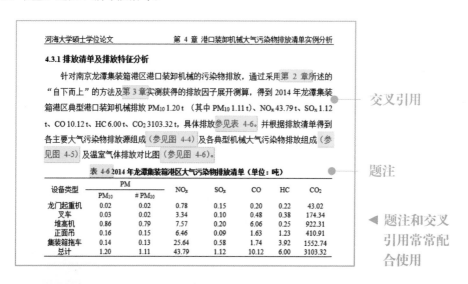

把光标移至需要插入引用内容的位置，单击【引用】→【题注】→【交叉引用】。

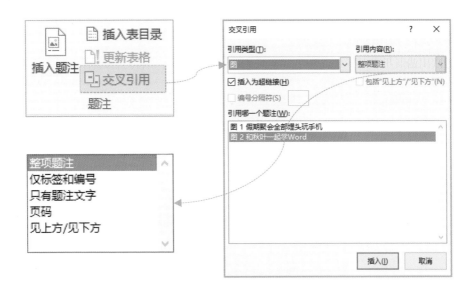

弹出【交叉引用】对话框，在"引用类型"中，从内置题注标签和其他自定义标签中选择所需内容，"引用哪一个题注"中会列出文中所有的该类型的题注内容，单击选择所需项目即可。另外，在"引用内容"中，有整项题注、仅标签和编号、只有题注文字、页码和见上方/见下方共6个选项，效果见下图。

2.5 模板：搞定模板终生受益

你有模板吗？

尤其在PPT的世界里，小白们做PPT前第一件事就是四处要模板。同样，在Word界也是有模板的，Word模板是一个包含了各类样式、页面布局及示例文本等元素的文档，通过模板可以快速生成页面设置、各类样式等参数统一的多个文档，这极大地节约了用户的时间，并简化了用户的操作。

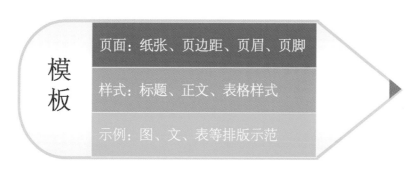

模板在Word里的价值还可以理解为是一种标准。政府、企业和学校都有自己的某类文档的标准，有了模板，就给文档定义了一种统一的规则。

首先来区分下Word文档及模板的图标，以便于快速认识什么是模板。

▼ Word文档图标　　▼ Word模板图标

▲ 图标带感叹号意味
着该模板带有宏

Word模板文件的后缀为*.dotx（Word 2003版本的后缀为*.dot）。单击模板文件，Word就能新建一个包含该模板所拥有的格式与版面设置的文档，新建后的文档已不是原来的 .dotx，而是.docx，可以直接编辑——最后要记得保存哦。

▲ 双击Word模板文件即可新建出一份含有页面设置、各类样式及示例文本的文档

▲ 新建的文档含有示例文本，帮助用户直观套用文档格式

万模之本：Normal 模板

Normal模板是Word的默认模板，我们每次启动Word或按快捷键 Ctrl+N 新建文档，产生的空白文档就是基于此产生的，该模板中包含了决定文档基本外观的默认样式和自定义设置。

因此，该模板在Word内部地位特殊，一方面，它是所有新建文档的基准；另一方面，一旦出现问题，可能会导致Word无法正常启动。

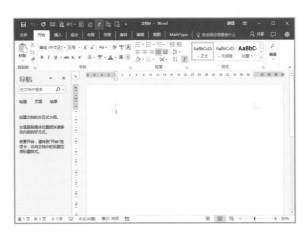

▲ *.dotm是带有宏的模板，样式及宏都可被新文档使用

▲ 新建的空白文档

Normal模板如此重要，就被赋予不断再生的特性：如果Normal.dotm被重命名、损坏或移走，Word将在下次启动时自动创建新的版本（不包含之前版本所做过的任何自定义设置）。

实例 09　自定义一份模板

　　Normal模板作为一种基准模板，任意修改未免不妥。如何设定适合自己的模板，减轻负担尤为重要。本质上讲，创建模板的方法十分简单，只需将文档另存为 .dotx 格式即可。

　　在另存为模板文件之前，还有几项关键工作：

　　（1）根据需要的某种定位，进行页面设置（设定页边距，添加页眉、页脚等）；

　　（2）建立经常使用符合规范的样式（段落样式、字符样式、表格样式等）；

　　（3）添加主题颜色、字体、段落间距等（如果样式已经设置完备，此步可选）；

　　（4）添加使用样式、主题的示例文本（下次使用时可以快速明白模板的设置）。

　　以上准备工作，在前文中都有提及，最后把文档另存为.dotx格式，选择路径保存即可。

Step1 新建的空白文档

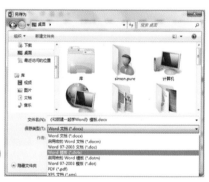

Step3 另存为选择.dotx模板格式

Step2 页面设置、添加样式等

【Word模板】简洁优雅简书模板.dotx

▲ 自定义的模板文件

内置模板的秘密

Word内置了一些质量精美的模板，利用这些模板可以省去很多麻烦。单击【文件】→【新建】可以看到联机模板界面，如下图所示，总结起来有以下几种模板：空白文档、书法字帖、简历、海报传单、计划日历、名片、邀请函等。

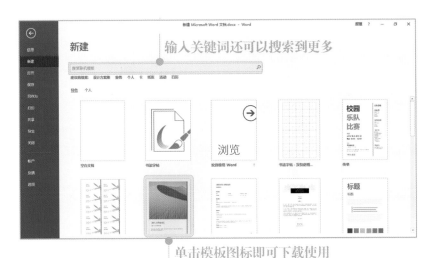

单击模板图标即可下载使用

书法字帖：人丑就要多练字

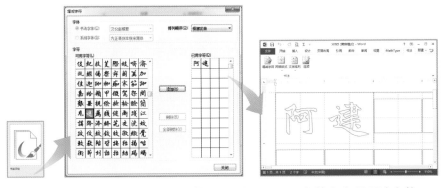

单击书　　选择书法字体或系统字体，从可　　Word文档内出现所选字体，
法字帖　　用字符选择字符，添加后关闭　　打印出来即可练习

在新建文档内还可以增减字符、网格样式、文字方向等，另外，搜索"书法字帖"还有更多内置字帖模板可以直接打印使用。

简历：从内置模板找灵感

在搜索框里输入"简历"，查看内置的简历模板

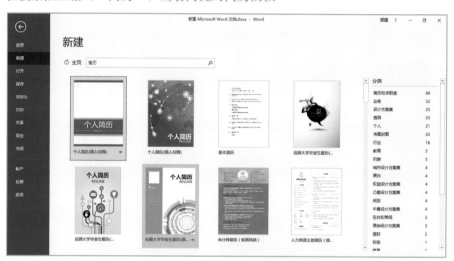

可以直接套用（但文档文字都使用了文档控件，修改起来可能不太方便）
建议根据简历的外观找灵感，模仿出一份属于自己的简历

日历：工作日历一秒生成，还能在里面做计划

在搜索框里输入"日历"，可以选择适合自己的时间规划表

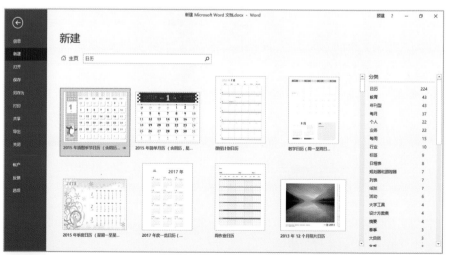

此处以选择"课程计划日历"为例，创建后可以自动选择日历的时间

打印出来可方便安排每日计划

日历文档生成后，功能区增加"日历"选项卡，可以更改日历时间及样式

其他模板：搜索你想要的关键词去发现更多

2.6　输出：Word 排版定妆术

Backstage 视图（后台视图）

　　Word排版完毕之后，最后一步便是打印输出，单击【文件】→【打印】或按快捷键Ctrl+P 可快速打开打印界面。现在的打印界面使用的是 Backstage 视图，该视图是左右结构，左侧是选项及打印设置，右侧才是打印预览。打印之前能够对Word打印效果有个直观的了解，是成功打印的保障。

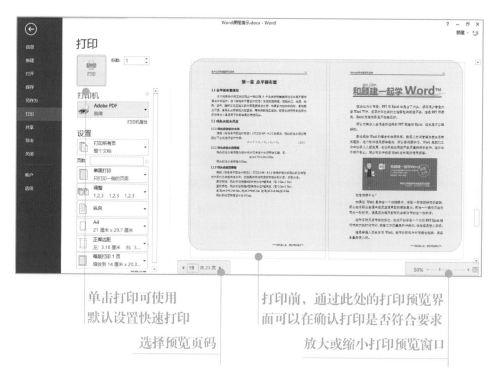

单击打印可使用默认设置快速打印

选择预览页码

打印前，通过此处的打印预览界面可以在确认打印是否符合要求

放大或缩小打印预览窗口

　　总结起来打印预览有3大好处。

　　1.　便于截图：隐藏脏东西（各种编辑标记），还原最干净的版面效果。在此基础上截图，干净舒适漂亮。

　　2.　查看打印效果："打印预览"实际上就是Word 功能中"所见即所得"的一种体现，也就是说，我们在打印预览界面看到的版面效果，就是实际打印输出后的实际效果。

　　3.　实时调整文档：通过预览，可以从总体上检查版面是否符合要求，如果不够理想，可以返回重新编辑调整，直到满意方才正式打印，这样就避免了纸张的浪费。

全屏打印预览

　　Backstage 视图导致Word文档不像早期版本那样实现全屏打印预览，全屏预览页面更大，文档看起来更加清晰与舒适。

　　在Word 高版本内并没有取消这一项功能，而是隐藏了打印预览编辑模式。

依次单击【文件】→【选项】弹出以上对话框，将打印预览编辑模式添加到快速访问工具栏（该命令需要移动滑块耐心往下寻找）

添加后，可以在快速访问工具栏看到图标，按下即可全屏预览

　　使用打印预览编辑模式后，按住Ctrl键并滚动鼠标滚轮可以放大、缩小打印预览视图（也可以使用工具栏的显示比例调整）。此时，预览的页面可以填充整个屏幕，除此以外，该模式下还有两个特别的优势。

　　（1）无需切回编辑状态，直接在打印预览状态下编辑文档。

　　（2）关键时刻，使打印减少一页，从而节约纸张。

优势1：去掉勾选放大镜——打印预览模式下直接编辑文档

默认勾选放大镜，
鼠标指针变为放大
镜，不可直接编辑
文档

取消勾选放大镜，
鼠标指针会变为光
标，可以直接编辑
文档

优势2：单击减少一页——仅一两行文字占用的一页可以直接去掉

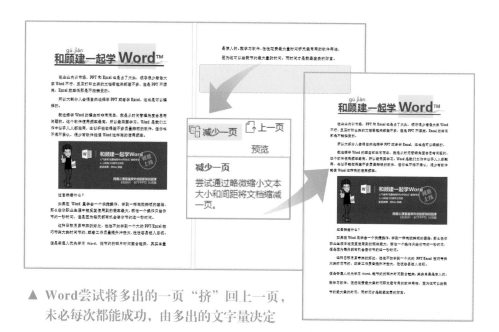

▲ Word尝试将多出的一页"挤"回上一页，
未必每次都能成功，由多出的文字量决定

打印设置

按快捷键Ctrl+P弹出打印视图，Word内部提供了一些简单的打印设置，包括份数、选择打印机、打印页数等。

单击开始打印

选择打印份数

选择打印机
单击【打印机属性】，
可进行更加高级的设
置，此功能由打印机
决定

默认打印所有页，
可选择打印当前页
或其中的某几页

对于一次只能打印一面
的打印机，可根据提示
手动实现双面打印

缩放打印又是节省纸张的一大秘方

一张纸上打印两页纸的
内容（其他类推），此
打印方案适用于非正式
场合

将A 4大小的页面缩
放到大32开的纸上，
若纸张比例不一样将
会影响原始版面

打印问题

在正常打印过程中还有一些值得注意的问题，如果设置不恰当容易出现"意料之外"的情况。

▲ 依次打开【文件】→Word选项→ 显示→打印选项

情况一：不勾选"打印在Word中创建的图形"

▲ 打印预览前

▲ 打印预览后

情况二：不勾选"打印背景色和图像"

▲ 打印预览前

▲ 打印预览后

情况三：勾选"打印文档属性"

打印文档的附属信息，包括文档名、目录、模板、作者、保存时间、编辑时间、页数、字数、字符数等信息。

打印预览后 ▶

情况四：不勾选"打印隐藏文字"

此处有隐藏文字

▲ 打印预览前

此处有文字

▲ 打印预览后

情况五：勾选"打印前更新域"

在打印前更新域可以将文档内自动生成的内容重新更新到最新状态，如目录、交叉引用、题注等，确保打印的准确性。

▲ 文档中有目录　　　　　　　▲ 文档中有日期域

情况六：勾选"打印前更新链接数据"

如果文档中使用了链接到Excel的图表，打印前Word会自动检测链接源的数据是否变化，打印前会自动更新。如果有需要实时更新的，可以勾选上。

总而言之，如果打印遇到相关问题可以查看这几个选项是否勾选，一般情况下推荐勾选"打印在Word中创建的图形""打印背景色和图像"和"打印前更新域"。

PDF 输出

如果需要去打印店或换一台电脑进行打印操作，特别建议将文档输出为PDF文件打印。你想，如果你排版的内容，去打印店之后全部变形了，那还有什么意义？

在Word 2016中，只需要切换至【文件】→【导出】→【创建PDF/XPS】→选择保存PDF文档位置→【确定】，PDF文档直接产生。

PDF输出不仅能使PDF 文档忠实地再现原稿的每一个字符、颜色及图像，连目录、书签、超链接、交叉引用等也统统保留了。

主流PDF浏览器之一
Adobe Reader

主流PDF浏览器之二
福昕阅读器

▲ 依次点开【文件】→【导出】→【创建 PDF/XPS 文档】即可

不想给别人发源文件时，也可以发 PDF 版哦~

和秋叶一起学Word

—— 排版之道 ——

CHAPTER 3

怎么排版会好看？

- 排版很重要！纸张也好，网页也好——不好看的，谁愿意看啊？
- 如果排版好看了，那么文字就会吸引更多的读者，让读者更好地理解，甚至吸引读者为你传播。
- 这一章，教你搞定！

3.1　好看的版面有规律

图1和图2的内容完全一致：看上去哪个文档更专业？

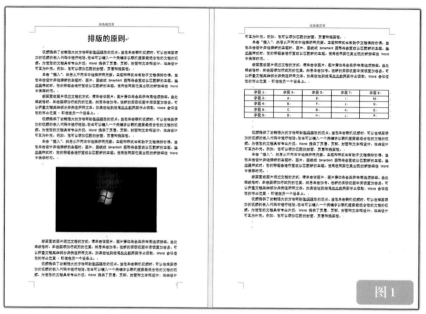

图1

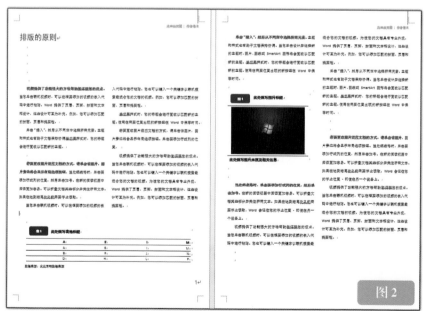

图2

秋叶老师，文档难道不都是一行标题后面跟着一堆字？

上一页两个图的内容一模一样：看上去哪个文档更专业？

　　当然，日常的学习、工作中，或许只要完成图1的效果就够了：不过，假如你并不仅仅满足于"完成"；假如你即使没有额外的报酬，也愿意努力进步，那么本章或许可以帮你少走些弯路。

　　本章的重点是：教你如何规划好版面，让你的作品（对文档的要求提升到这样的高度，你可以自豪地把完成的文稿视为一件作品了！）从各种角度都舒适、合理、专业，最重要的是具备很强的阅读性。

　　当然，本章所有的操作都在Word平台内完成。

好看的版面都用一样的设计原则

▲ Bigger than bigger的苹果公司网站排版效果

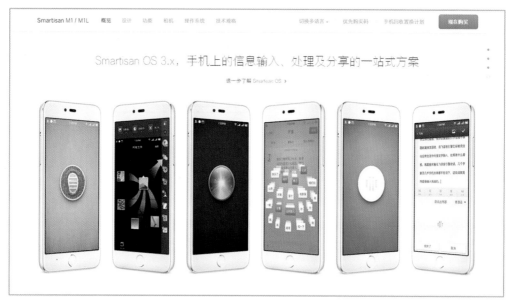

▲ 充满工匠情怀的锤子科技网站排版效果

都一样？没错，好看的版面都用一样的设计原则！

1. 留白

通过观察苹果公司的产品页面排版，我们可以发现留白被大量运用在版面中。恰到好处的空白，反而突出了设计师最想传达给顾客的产品特性。所以，恰当地运用留白原则，可以起到四两拨千斤、画龙点睛的效果。

2. 聚拢

看，苹果公司的页面里，所有的相关功能都被集中排列在顶端，衍生产品或平台则聚集在底部。相互关联的内容被放在一起，阅读者自然而然地领会了设计师的意图。

3. 对齐

你一定能辨认出苹果公司的网页设计师采用了居中对齐原则：主要产品说明居中对齐，相关产品说明也是居中对齐。对齐，让版面整洁有序。对齐，让页面显得高大上的至高武器。

4. 对比

再看苹果公司的产品主页你会发现，页面里只有黑色选项条和白色页面；特别大的字号用在了产品名称上。

对比就好像领唱的姑娘穿着大红色裙子站在白色背景板前——把需要强调的元素，用截然不同的修饰方法凸显出来。对比，是突出显示版面核心信息的好办法。

5. 重复

苹果公司的主页图最底端，均匀地划分了四个空间，用来放置衍生产品。你可以接着单击主页上的其他页面：你会发现，所有的页面都采取了一样的版面结构。重复，就是不断地在版面之中反复使用一种符号、同样的结构或同一种颜色等。重复，是营造统一气氛的最佳方案。

明明是一样的文字，一个读起来更吃力些，一个则更容易些。

这，就是排版的魔力。

接下来，让我们逐一破解这些原则的使用奥秘。

3.2　无声胜有声：留白的魔力

所谓留白，留下来区域并不一定是白色的：文档布局中，环绕各元素的空间都算是留白。

你觉得下面哪个页面更好看？

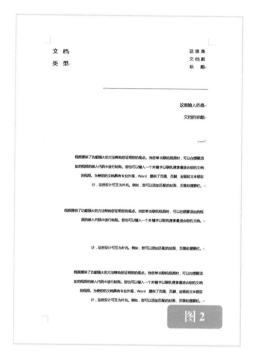

图1和图2内容完全一致，但是图2看起来显然更舒服。

和图1相比，图2大量增加了文字四周的空间。标题、作者、副标题、正文……彼此之间都留下了充分的余地。

好比挤满人的车厢，与人人有座位的车厢之间的区别：如果同一个页面中的文字过于拥挤，就会妨碍舒适的阅读体验。用好留白，任何版面的可读性与易读性都会得到改善。

段落留白

　　段落之间的留白对篇幅较长的文档尤为重要：除提升了阅读舒适度之外，留白也增强了对内容的区分，让读者更容易专注内容，完成长篇阅读。句群之间被隔断开来，每读完一个段落，你都能喘口气，并获得"又完成一段"的成就感。这种成就感会鼓励你继续一鼓作气地读完全文。

　　段落之间的留白依靠设置**段间距**与**行间距**实现。

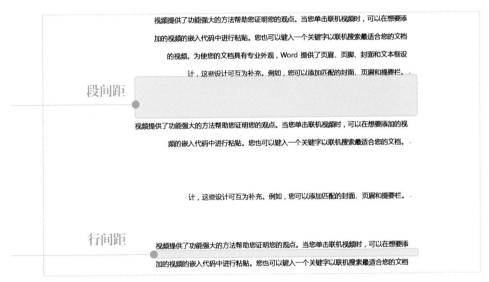

▲ 段落前后的空余距离就是段间距；行与行之间的距离就是行间距

　　段与段之间的空白，可不是敲回车键敲出来的！设置方法如下：

　　【开始】→【段落】→右下角箭头→【段落】对话框→【缩进与间距】标签页→【间距】→段前/段后/行距设置。

　　这里的距离值有两个单位："行"与"磅"。

　　段间距是以行间距为基础的。在设置行间距时，如果你对默认的行间距不满意，可以直接在【设置值】中填写数值，这个数值的单位就是磅值。

　　磅是什么？磅就是打印字符的高度。1磅等于1/72英寸，或大约等于1厘米的1/28。

【间距】设定中，默认勾选了"如果定义了文档网格，则对齐到网格"选项，这又是什么意思？

实例 10　**微软雅黑字体的行距过大如何解决？**

这是微软雅黑的单倍行距情况。↵

这是微软雅黑的单倍行距情况。↵

这是宋体的单倍行距情况。↵
这是宋体的单倍行距情况。↵
这是取消文档网格对齐以后的微软雅黑单倍行距情况。↵
这是取消文档网格对齐以后的微软雅黑单倍行距情况。↵

↵

▲ 直接取消勾选"如果定义了文档网格，则对齐到网格"选项就ok！

为什么？还是和打印字符高度有关。

文档网格就好比看不见的对齐稿纸线。

A4纸默认的对齐稿纸线，行距比微软雅黑字符高度小。

如果默让文字对齐网格，那么文档会用两行高度容纳一行微软雅黑。

如果不想受到网格线的制约，就把默认选项取消吧！

页边距留白

除了段间距与行间距之外，页边距也是体现空间的主战场。

上、下、左、右——页边距可以4个值都不同！

让文档显得"高级"的办法之一，就是加大页边距。不信，你可以把手边的任何一份文档，加大4条边中的任何一条，然后和原来的文档对比一下。

页边距设置方法如下：【布局】→【页面设置】→【页边距】→选择内置方案【自定义页边距】→【页边距设置】。

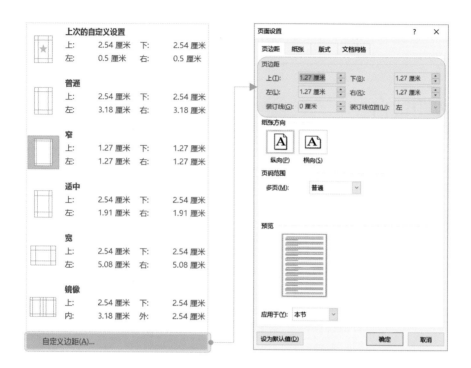

留白让页面更"出彩"

其实留白还有个显著的作用：突出页面中和背景不一样的彩色部分。左边的红色小方块，看上去比右边的红色小方块更鲜艳吧？当然，实际上两个方块的RGB值完全一致。

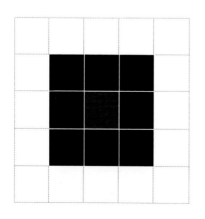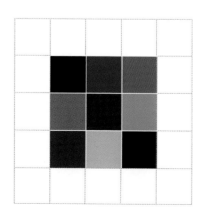

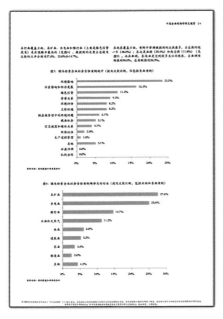

▲ 选自毕马威中国

▲ 选自波士顿咨询公司

运用在商务文稿中也是一样：

左上图来自于毕马威中国，右上图来自于波士顿咨询公司。这两份来自跨国五百强公司的严肃报告，显然都采取了大量留白。

所以，我们设计版面时，切忌用各种元素填塞满版面。留白突出了关键内容，提升了可读性与易读性，突显了主题色彩，展现出了强大的影响力。

3.3　该挤的要挤一挤：好身材靠聚拢

那个，我们是在说文字。

既然在同一个页面中出现，文字和文字之间必然有关系。既然有关系，就能分出亲疏远近：相对而言关系近的当然要放的近一点，否则就分的开一点。

譬如下面两张图：

图1

图2

为了收集所有信息，图1要看好长一串！咦，看完之后好像一个也没记住⋯⋯

图2就方便多了！相关信息被组合在一起，读起来顺理成章。

等等：那是不是尽可能把文字排列在一起就是好？

——当然不是！譬如图3。

白居易	性别：男
字：乐天	出生地：河南新郑
祖籍：太原	民族：汉族
墓地：洛阳香山白园	出生日期：772 年 2 月 28 日（壬子年）
国籍：中国	籍贯：山西太原
职业：诗人、文学家	别名：白乐天
星座：双鱼座	逝世日期：公元 846 年

图3

所以，重要的是掌握合适的距离：太远，变成一盘散沙；太近，更是影响阅读效果。

上一节我们提到了留白：要把空白留出来。这一节，我们要学习把空白放在合适的地方。

怎样才算合适？

文档排版，不能只追求形式美感，还需要适合阅读。关系密切的文字之间互相靠拢，不仅利于阅读，而且会形成段落群，产生韵律的、节奏的美感。回头看图1和图2：你不能说图1没有留白，但是因为每行之间的距离都是一样的，于是留白的作用就被抵消了。

相关内容之间
紧密的行间距

票务和主办方等信息
统一分布在页面右侧

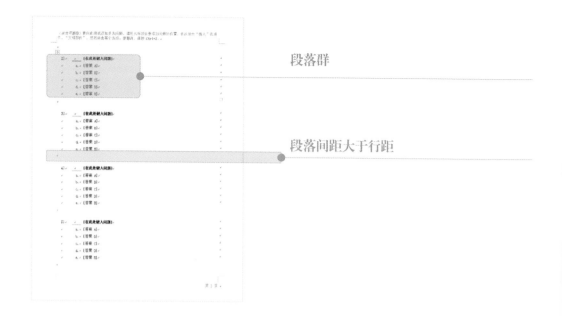

总结一下——

首先，把关系紧密的文字放在一起。如果找不到关系密切，或是文字之间压根不相关，那么你可以用理书柜的方法：把字数类似、"外形一致"的短句放在一起，形成段落群。

其次，段落群之间的距离，要比段落群内部行距大。这会形成韵律般的节奏，让人读起来更顺利。

3.4　美人都有齐刘海：对齐很重要

朝哪儿对齐?

如果说排版有一个万能的原则，那就是，对齐。

但是到底是居中？靠左？还是靠右？

看，图1的版面中，左中右甚至顶端、底端对齐都全了！但是看上去毫无美感。信息好像被撕碎的纸片散落在版面上的角落。

更可怕的是，这样的报告似乎很常见……

图2是对图1的优化：大部分内容都靠左对齐了。但顿时整个报告都显得和谐、专业起来，不是吗？

所以，对齐的原则之一是，不管是左中右，主画面中**只选择一种**

不过，我们用的最多的对齐方法肯定还是居中。

"居中"委屈地说：我有什么不好么，每次说到我不情不愿的样子……

在这里，我们要严肃认真地表示："居中"没什么不好，它让文本显得传统而端庄。和混乱相比，居中是个很不错的选择。

图 2

况且，如果对留白和其他装饰元素运用得当，居中的效果也不见得非常乏味。特别（通常是特别花俏）的字体、不对称的图案、线条等，都可以把一本正经的居中调剂成活泼的或清新的画面。

对齐的方法

确认对齐的指导方针之后，让我们掌握以下对齐的方法：包括文字、图片、图文综合及文本框的操作。

实例 11　段落对齐设置

单击【段落】工具栏右下角的黑色小箭头，通过【段落】对话框中的缩进选项，可以一次性对全文段落进行对齐设置。

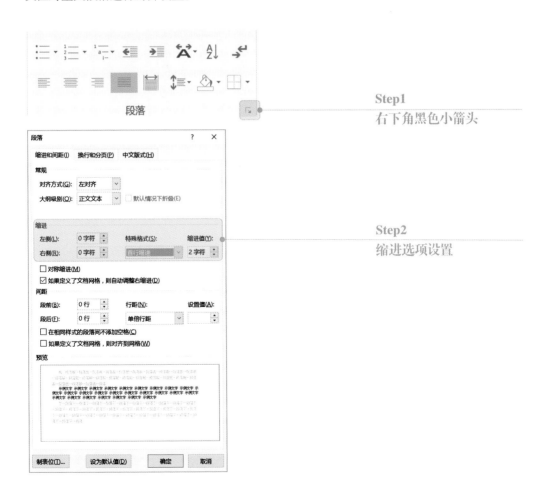

Step1
右下角黑色小箭头

Step2
缩进选项设置

当然，你也可以选中全文后，拖动文档顶部的标尺，进行对齐设置。

还有一种方法是通过设置制表位。单击【段落】对话框左下角→进入【制表位】对话框→直接输入距离值。这样可以精确地把文字确定在文档中的某个位置。关于制表位的详细解释，可以参阅本书。

实例 12　同时选中图片设置对齐

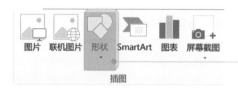

Step1
形状

Step2
新建画布

Word最受诟病的操作难点之一，就是对图片的操纵。图片在Word中仿佛是一个三岁小男孩，总是不在你希望的位置，捕捉过程也往往令人头疼。

图片对齐无法同时选中？

通常因为图片都是嵌入式的：也就是说，每张图片都相当于一个字符。

另一种常见原因，是两张图片的布局形式不同。

想要同时选中图片，除了改变图片的嵌入形式、让两张图片统一为除嵌入式之外的布局形式之外，还可以通过插入画布的方法。插入画布之后，在画布上添加图片，甚至是图片和形状，都可以简单地同时选中。

【插入】→插图工具栏→【形状】→【新建绘图画布】→自动插入底色为无的画布。

需要注意的是：

1. 画布也会受行距影响，或是被文本/对象底色遮挡。
2. 插入的图片或形状无法进行布局形式设置。
3. 可以方便地在画布范围内对图片或形状进行选中和对齐设置。

实例 13　一次性选中分散在文章中的图片并居中

想要一次性选中分散在文章中的图片并居中可以吗？

有条件的可以：这个条件就是，所有的图片都是嵌入式——所以嵌入式还是有很大优点的。然后通过两步走实现，步骤如下。

按快捷键Ctrl+H呼唤出【查找和替换】对话框→切换到【查找】→在【查找内容】中输入^g→单击【在以下项中查找】→选择【主文档】→所有文档内的嵌入式格式的图片被选中。

【开始】→段落→居中按钮。

至此，所有嵌入式图片被居中。

Step1
查找替换窗口
查找输入 "^g"

Step2
查找范围 "主文档"

Step3
居中对齐

段落

实例 14

图片太难选中，无法对齐怎么办？

因为页面上元素太多，你觉得选中图片或形状/文本框本身就很困难？

强烈推荐使用【选择窗格】，它会将页面中所有的元素都罗列出来，选你要的！

想更详细地了解图片存在的七种布局形式及精准排版的诀窍？请移步查阅相关章节。

实例 15　　图片与文字怎样对齐?

当页面中都是文字时，至少应该采取左/中/右对齐原则其中之一：那么如果是图形加文字呢?

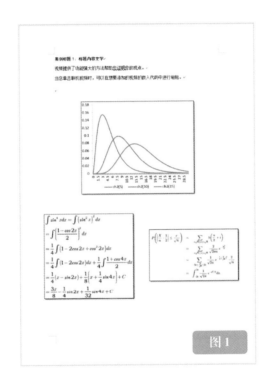

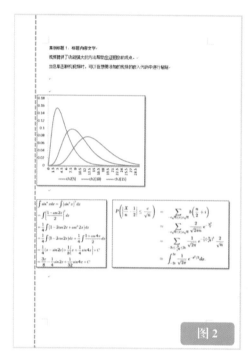

图2

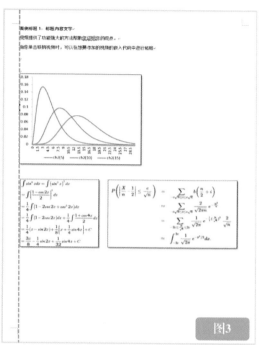

图3

首先我们要明确：图1是非常不正确的！它简直是撒豆子一样，把图片随意地放置在页面当中。

针对这一点做了改进：将图片稍作加工，把位于第二排的图片设定为一样高。然后每两张图片之间，起码保持一条边对齐。经过这样的处理之后，文档版面显得好看多了。

但页面中元素特别多，那么还是要注意：千万别出现两种以上的对齐方式！并且你需要格外仔细地检查，不要有一个元素突出了对齐的边界。对比图1、图2与图3，只有图3做到了图文全部对齐。

实例 16　文本框如何迅速对齐?

把文字或图片填入文本框后,需要对文本框内外文字/图片内容进行对齐设置。

在文本框内部——

如果是文字,选中文本框中的文字,出现【图片工具-格式】标签页。【文本】工具栏→【对齐文本】,根据需要进行选择。

如果是图片,则选中文本框中的图片,按照前文的方法,通过【排列】按钮实现各种对齐。

文本框之间的对齐方法,与图片类似。选中后通过【对齐】按钮进行对齐即可。

最好用的对齐诀窍

由于中英文字符大小或字体的差异,有时候就很难把字与字、字与图对齐。怎么办?

这时不妨利用表格。

简单地说,就是插入表格,填入文字或图片,最后将表格线设为不可见。

和单纯文字或图片对齐相比,光是左对齐,表格就提供了左上对齐、靠左居中对齐、左下对齐3种选项。居中和靠右对齐同理。你可以根据需要进行选择。具体的操作案例,你可以在6.1节的表格部分找到。

对齐完成后,别忘记将表格框线设置为不可见哦!

3.5　山青花欲燃：对比的力量

简单地说，就是在文档里划重点：让被强调的字、词，甚至句子、段落突显出来，变得醒目。

要达到这个目的，通常不外乎两种途径：大小对比、颜色对比。除此之外，运用装饰线、通过字母与方块字或运用反差大的字体，也能达到对比的效果。

大小

实例 17　**正副标题的字号设置**

通常一篇文章，总是标题的字号最大：因为醒目啊。所以，加大字号，可谓是最简单的对比办法。

如果有正副标题呢？

> 欧洲国家纷纷加入亚投行，折射出对中国经济发展趋势的乐观态度
>
> **中国仍是世界经济增长引擎**
>
> ———————————————————
>
> 欧洲国家纷纷加入亚投行，折射出对中国经济发展趋势的乐观态度
>
> **中国仍是世界经济增长引擎**

上图的上半部分，标题字体两行同样大小；下半部分的标题则明显加大了正标题的字号。哪一款更突出正标题，显而易见了。

当然，加大字号不光是用在标题中，正文中如果有任何需要突出的内容，加大字号也是个很不错的办法。

实例 18　首字下沉

作为Word内置功能之一，首字下沉让整个段落都显得突出。因此，常被用于文档开篇或章节开始的第一段。

首字下沉有两种模式，包括下沉和悬挂。

> **视** 频提供了功能强大的方法帮助您证明您的观点。当您单击联机视频时，可以在想要添加的视频的嵌入代码中进行粘贴。
>
> 您也可以键入一个关键字以联机搜索最适合您的文档的视频。为使您的文档具有专业外观，Word 提供了页眉、页脚、封面和文本框设计，这些设计可互为补充。
>
> ▪ 例如，您可以添加匹配的封面、页眉和提要栏。单击"插入"，然后从不同库中选择所需元素。

> **视** 频提供了功能强大的方法帮助您证明您的观点。当您单击联机视频时，可以在想要添加的视频的嵌入代码中进行粘贴。
>
> 您也可以键入一个关键字以联机搜索最适合您的文档的视频。为使您的文档具有专业外观，Word 提供了页眉、页脚、封面和文本框设计，这些设计可互为补充。
>
> ▪ 例如，您可以添加匹配的封面、页眉和提要栏。单击"插入"，然后从不同库中选择所需元素。

如上图，左图为首字下沉效果，右图则是首字悬挂效果。

实现方法：把光标移至需要下沉首字的段落中，单击【插入】→【文本】→【首字下沉】→选择【下沉】或【悬挂】。

关于下沉行数或距离正文的距离，也可以在选项中进一步设置。

文本框　文档部件 ▾　签名行 ▾　艺术字 ▾　日期和时间　**首字下沉** ▾　对象 ▾　文本	**Step1** 选择【首字下沉】

无　　A 下沉　　A 悬挂　　A 首字下沉选项(D)...	**Step2** 细节可以进一步 在【选项】中设置

实例 19 字体的缩小

除了增大，缩小字符也是一种美化文档的方式。缩小部分字符，让下图的下半部分显得更为精致。

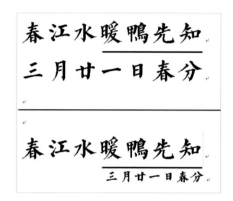

增大和缩小的快捷操作途径

关于增大和缩小，有个常用的小技巧你应该知道：当文中字体有大有小时，选中整段文字，单击增大/缩小字号按钮，或采用Ctrl键+Shift键+>/<，可以达到同时增大/缩小的目的。增大/缩小字号按钮，位于【开始】标签页的【字体】工具栏中。

　　另外，在增大部分字符时，需要考虑行间距，否则会影响美观度。如左下图所示：当加大个别字符时，单行的行间距也会加大。如果此时不调整文档的行间距，就会产生行间距不一致的情况。

行距
不一致

> 德国不仅把中国看作欧洲以外最重要的贸易伙伴，而且是技术研发创新的合作伙伴。德国希望深化同中国全方位战略伙伴关系。德国中国问题专家、《德国之声》专栏作家弗朗克·泽林说，在亚投行问题上，德国最大的遗憾是没有成为第一个提出申请加入的西方国家，未能借这个机会展示其开放和创新的精神。

> 德国不仅把中国看作欧洲以外最重要的贸易伙伴，而且是技术研发创新的合作伙伴。德国希望深化同中国全方位战略伙伴关系。德国中国问题专家、《德国之声》专栏作家弗朗克·泽林说，在亚投行问题上，德国最大的遗憾是没有成为第一个提出申请加入的西方国家，未能借这个机会展示其开放和创新的精神。

行距
协调一致

颜色

实例20　字符的加粗

　　最常用的突出字体的方法，估计是加粗。

　　需要注意的是，加粗虽然是最简单的突出字符的办法，但也要看字体：有些字体，由于本身笔画较为粗黑，加粗与否并不明显；而另一些字体，则可能由于加粗，使得字形变得难以辨认。

加粗后效果不明显　**加粗/未加粗**

加粗　加粗后文字难以辨认

实例 21　彩色字符的加入

本文也采取了一种强调形式，那就是采用彩色字符。被设置为彩色的字符，当然特别显眼。我们常常对文档中的关键词做此类处理。

视频提供了功能强大的方法帮助您证明您的观点。当您单击联机视频时，可以在想要添加的视频的嵌入代码中进行粘贴。

您也可以键入一个关键字以联机搜索最适合您的文档的视频。为使您的文档具有专业外观，Word 提供了页眉、页脚、封面和文本框设计，这些设计可互为补充。

实例 22　字符底纹和其他效果

给字体加底纹的方式，你肯定不陌生：每次考试前，都是这么干的嘛！

夏季奥运会的收视率自 2000 年来首次滑落。这不禁让人们重新质疑一件曾被视为板上钉钉的事，那就是不管怎样，体育赛事直播将吸引数量巨大、而且只会持续增长的观众。这就是为什么 NBC 隶属的康卡斯特公司(Comcast　Corp.)豪掷 120 亿美元购买直至 2032 年的奥运会美国独家转播权。其他公司，包括华特迪士尼公司(Walt Disney Co.)旗下的体育频道 ESPN、21 世纪福克斯公司(21st Century Fox Inc.)、时代华纳公司(Time Warner Inc.)和哥伦比亚广播公司(CBS Corp.)，也对橄榄球、棒球和篮球投下了长期赌注。

颜色和底纹的变化，有很多种可能。再加上Word给出的文字效果，譬如删除线、下划线、发光、阴影、轮廓和映像等，都使得对比效果有了很多种可能。所有这些效果都可以在【开始】标签页下的【字体】工具栏中找到。

建议在挑选效果时，注意与文档整体风格的协调性，避免同一篇文档中有太多种变化。

字体

除了字号和颜色，难道没有别的对比途径了？

实例 23　给方块字添加不对应的拼音

拼音不仅仅是给小朋友看的：越来越多的场合，我们会使用拼音与汉字结合，表达另一重含义。除此之外，视觉上而言，字母对方块字也起到了修饰作用。

fā　cái　zhǐ　nán
拼音指南

文字与拼音不对应，该如何制作？输入拼音基准文本并选中→【开始】标签页→字体→拼音指南→【确定】。

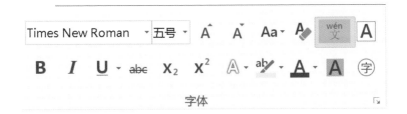

在【拼音指南】对话框中，修改基准文字为最后显示的文字→调整对齐方式、字体、偏移量与字号→【确定】。

实例24　中英文结合疗效好

给中文标题配上相应的英文，使文档显得更为专业。这个方法通常用在标题中。

M E D I A

传　媒

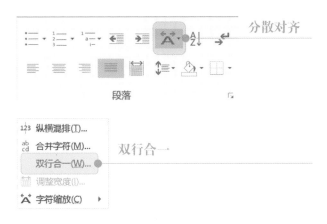

输入并选中文本"MEDIA传媒"→【开始】标签页→段落→中文版式→双行合一。

通过插入表格或文本框，用分散对齐的方法也可以达成效果，方法如下：

插入文本框或表格→输入并选中文本→单击【开始】→【段落】→【分散对齐】即可。

实例25　字体风格反差

> 题惠崇春江晚景
>
> 竹外桃花三两枝，春江水暖鸭先知。
> 蒌蒿满地芦芽短，正是河豚欲上时。

在增大字号的基础上，字体风格也可以形成一种对比。譬如，书法体与黑体之间。这好比花体英文字与Arial字形的区别。如果内容和字体风格非常匹配，会给文档增添额外的韵味。

> 欧洲国家纷纷加入亚投行，折射出对中国经济发展趋势的乐观态度
>
> 中国仍是世界经济增长引擎

除此之外，使用与文档整体颜色互补的装饰线等元素，也会使文字显得十分突出。

3.6　山重水又复：重复才有氛围

重复，指的是相同的元素多次出现。如穿着红色的鞋配着红色的包，如在餐厅里不断看到印着Logo的纸巾或餐具；如在公司文档里看到的相同的页眉设计。

为什么要重复？重复可以营造一股整体的氛围。这种重复好像室内绿植，把文档点缀得丰满有生气。

让页面具备重复的元素很容易：设置页眉、页脚时插入公司Logo或是装饰线条；对标题采取统一样式；给每一页加上相同的页面**背景**，等等。版面中的每一个构件，都可以成为重复的对象。

不断重复的元素就好像不断重复响起的主旋律，让读者清晰地把控阅读的节奏，并且敏锐地意识到与主旋律不同的、特殊的、作者希望读者加倍关注的重点部分。

重复是对比的基础。

这种元素的循环操作起来非常便利，最简单的如：**标题**一律用黑体加粗；段落标题和文档标题彼此互相呼应；重复的**页眉**，重复的段落**间距**、行间距；标题与正文之间的距离；相同风格的插**图**与配图文字。

图1

统一的页眉

统一的段落标题

统一的正文字体

统一的段落间距

统一风格的插图

统一的段落标题

图 2

否则，如果文档类似图3那就是一场悲剧：每一段从标题到内容都是不同的字体、有不同的项目符号或装饰线，那么不仅美感具无，且混乱的装饰和字体，很影响阅读。

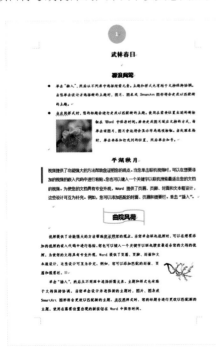

图 3

不过，并非只有"相同"可以重复。

风格一致的装饰元素，以不同的表现形式出现在文档中，也是常见的重复手段。

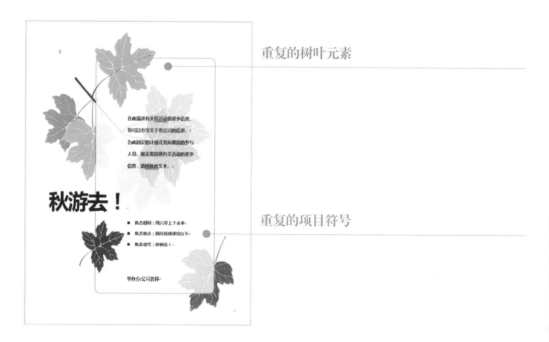

重复的树叶元素

重复的项目符号

标题图案中，树与树叶也是一种呼应的重复。虽然是完全不同的图案，但是图案之间充满自然的联系，让我们在看到图案的同时，就把它们作为一个包含重复元素的整体而理解。

太多的元素会造成我们在吸收信息时的视疲劳。因此，想让阅读者更好地理解文档内容？那么把重复用起来吧！

色调一致的图片

重复的蓝色标题

底部重复的蓝色

如果你仍然觉得操作起来很困难，可以从以下方面入手。

1．把装饰元素放进页眉/页脚。设置一页，就能保证每一页都一样了。常用的装饰元素，除了直接采用Word内置的方案外，还可以直接用形状绘制。简单的粗细线条重复就很好看。

2．采用项目符号。在全文中，统一采用项目符号也是一种很好的重复。

3．采取一模一样的撰写体例。譬如，遇到人名加波浪线，遇到地面加横线，遇到专有名词加括号。最典型的就是字典。同样的字词条目体例，只要查阅过一次，第二次使用时就能迅速地找到所需内容的位置。

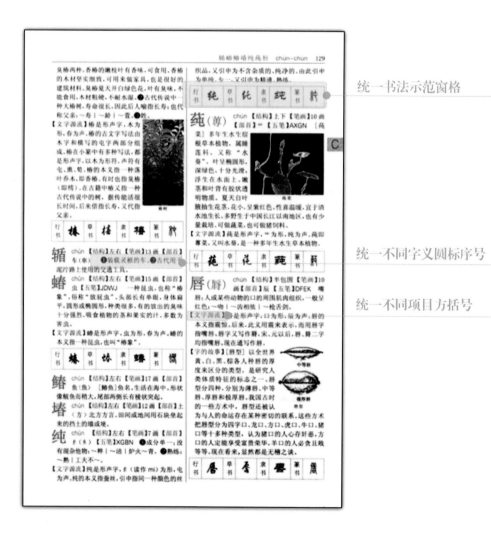

统一书法示范窗格

统一不同字义圆标序号

统一不同项目方括号

3.7　回顾：好看的版面有哪些原则

迅速掌握本章提及的排版原则有一条捷径：勇于尝试！

1. 避免把一页纸挤得密密麻麻水泄不通，在所有可能的地方留出空白：标题和段落之间，段落和段落之间，段落和图片之间……

2. 避免把文档内的元素排列得过于紧凑：留白也是有秩序的。彼此相关的内容互相靠近，让该靠拢的靠拢，该留白的留白。

3. 避免没有意义的居中。但如果你不知道靠左还是靠右，那么和七零八落比起来，居中也是个不错的选择。

4. 如果有图片，把图片放很大通常效果会不错。

来看看如何依次运用五大原则制作一份文档。

留白

封面留白

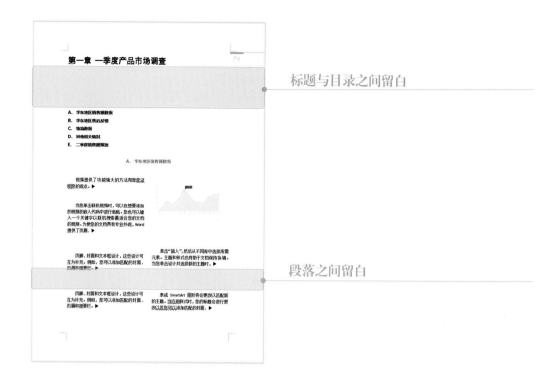

制作文档时，大片的空白能够引领阅读者的视线，集中在我们希望突出的内容上。如果你需要制作一份报告，在制作封面和章节标题时，不妨试试。

聚拢

和人群一样，文档中的文字，也有亲疏远近。下次排版的时候，多默念几遍"把意义相关的内容放在一起"，或许能帮助你省下很多纠结如何排版的时间。

内容相近的段落聚集起来

对齐

到底是居中？还是靠右？还是靠左？

居中仿佛是最保守的答案。不过，你不妨多试试几个方案。相信你一定能分辨出最佳方案。

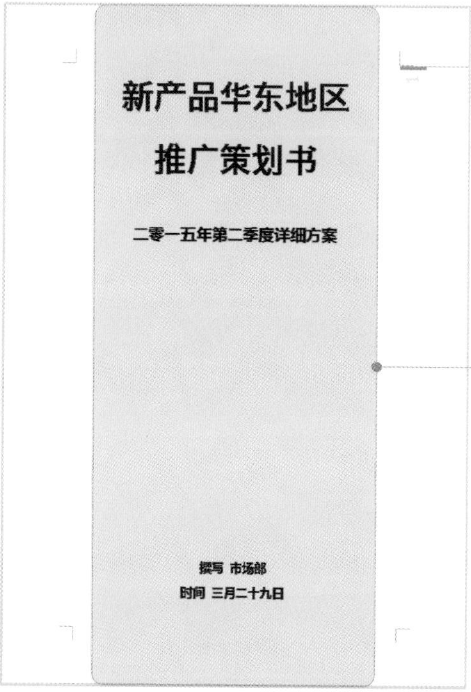

居中对齐

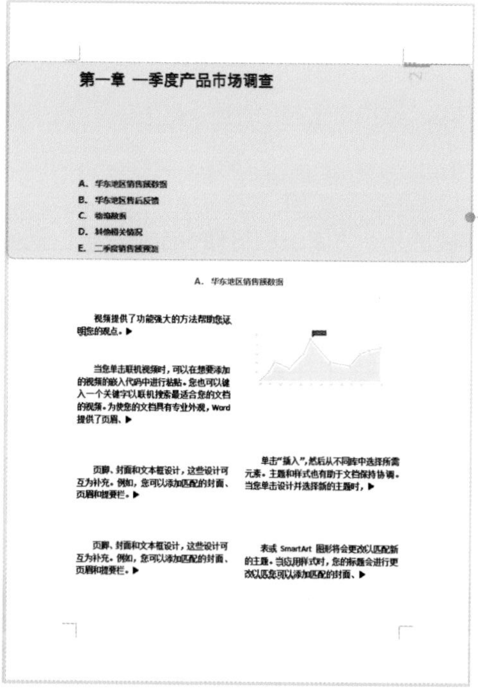

靠左对齐

对比

颜色、字体、加粗、装饰线……如果你不是要制作一张夸张的演出宣传海报，那么通常情况下，用上最多两种手段就足够了。

鲜艳的小节标题

鲜艳的项目符号

鲜艳的关键词

重复

为什么要重复？重复可以营造一股整体的氛围。页眉、页码、标题、项目符号、分隔线……

快来想想，还有哪些元素能重复？

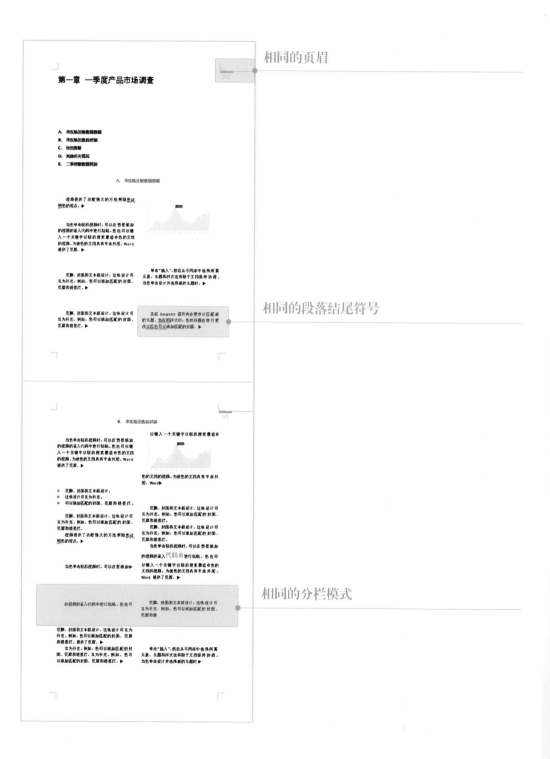

相同的页眉

相同的段落结尾符号

相同的分栏模式

3.8　锦上添花：图片排版术

图片排版是Word最让人困扰的问题之一。我们的鼠标仿佛被诅咒了：总是没法让图片落在想要的位置，甚至让图片显示完整都变得困难重重。

本章旨在挖掘图片与Word的根本关系，解除被束缚的魔法，让你处理图片时得心应手。

▌图片的存在方式

图片到底用什么方式被贴在文档中？

任意插入一张图片，你会在图片右上角见到一个图形。单击这个图形，弹出【布局选项】菜单栏。

你觉得【布局选项】按钮很眼熟？因为【布局选项】与【布局】→【文字环绕】选项卡中的内容一致。

这个浮动的【布局选项】按钮，是Word 2013版本之后的新变化之一。它能够让我们更快地设置图片的插入位置、插入方式等。除图片外，视频、边框、图表、SmartArt或文本框等被插入也会出现这个浮动按钮。

另一方面，笔者认为这个按钮的分类方式是Word给出的提示：看，图片的插入方式有两大类七种！

为了便于理解，笔者根据【布局选项】的选择分布，制作了下图。建议与下文对照阅读，加深理解。

嵌入型

视频提供了功能强大的方法帮助您证明您的观点。当您单击联机视频时，可以在想要添加

的视频的嵌入代码中进行粘贴。您也可以键入一个关键字以联机搜索最适合您的文档的视频。

为使您的文档具有专业外观，Word 提供了页眉、页脚、封面和文本框设计，这些设计可互为补充。例如，您可以添加匹配的封面、页眉和提要栏。单击"插入"，然后从不同库中选择所需元素。

四周型

视频提供了功能强大的方法帮助您证明您的观点。当您单击联机视频时，可以在想要添加的视频的嵌入代码中进行粘贴。您也可以键入一个关键字以联机搜索最合您的文档的视频。

为使您的文Word 提供面和文本框互为补充。例配的封面、页眉和提要栏。单击"插入"，然后从不同库中选择所需元素。

紧密型环绕

视频提供了功能强大的方法帮助您证明您的观点。当您单击联机视频时，可以在想要添加的视频的嵌入代码中进行粘贴。您也可以键入一个关键字以联机搜索最为使您的文档提供了页眉、页计，这些设计您可以添加要栏。单击"插入"，然后从不同库中选择所需元素。

穿越型环绕

视频提供了功能强大的方法帮助您证明您的观点。当您单击联机视频时，可以在想要添加的视频的嵌入代码中进行粘贴。您也可以键入一个关键字适合您的文档的视频。

具有专业外观，Word为使您的文档脚、封面和文本框设提供了页眉、页计，这些设计可互为补充。例如，您可以添加匹配的封面、页眉和要栏。单击"插入"，然后从不同库中选择所需元素。

上下型环绕

视频提供了功能强大的方法帮助您证明您的观点。当您单击联机视频时，可以在想要添加的视频的嵌入代

码中进行粘贴。您也可以键入一个关键字以联机搜索最适合您的文档的视频。

为使您的文档具有专业外观，Word 提供了页眉、页脚、封面和文本框设计，这些设计可互为补充。例如，您可以添加匹配的封面、页眉和提要栏。单击"插入"，然后从不同库中选择所需元素。

衬于文字下方

视频提供了功能强大的方法帮助您证明您的观点。当您单击联机视频时，可以在想要添加的视频的嵌入代码中进行粘贴。您也可以键入一个关键字以联机搜索最适合您的文档的视频。

为使您的文档具有专业外观，Word 提供了页眉、页脚、封面和文本框设计，这些设计可互为补充。例如，您可以添加匹配的封面、页眉和提要栏。单击"插入"，然后从不同库中选择所需元素。

浮于文字上方

视频提供了功能强大的方法帮助您证明您的观点。当您单击联机视频时，可以在想要添加的视频的嵌入代码中进行粘贴。您也可以键入一个关键字以联机搜索最适合您的文档的视频。

为使您的文档具有专业外观，Word 提供了页眉、页脚、封面和文本框设计，这些设计可互为补充。例如，您可以添加匹配的封面、页眉和提要栏。单击"插入"，然后从不同库中选择所需元素。

第一类，嵌入型。在这种方式中，图片相当于一个字符。

嵌入型图片会受制于行间距或文档网格设置：因为Word把它当一个字啊！如果你发现插入图片之后只显示了一条边，快去检查行间距设置。图片被太窄的行间距挡住了！行间距设置的快捷方法，请参阅本书相关章节。

第二类，图片终于开始被特殊对待了。和文字的关系有六种：

第一种，四周型文字环绕。

第二种，紧密型环绕。

第三种，穿越型环绕。

第四种，上下型环绕。

除了上下型，看不出前三种的区别？

再仔细看看：四周型的图片布局中，文字与图片的距离更远，紧密型或穿越型中，文字距离图片更近。并且，使用四周型环绕的图片周围，文字总是留下一个矩形的区域。不规则图形、圆形或是三角形，无论图片是什么形状，文字总是会留下一个矩形的区域给它。不信你可以试试看。

还是看不出紧密型环绕和穿越型环绕的区别？为了示范，我们拖动图片的顶点，改变图片的轮廓。

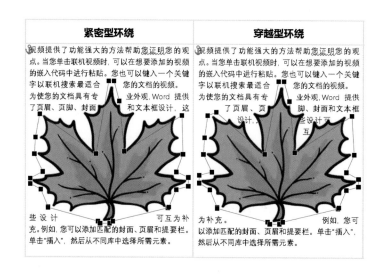

从上图明显可以看出，在强调区域中，紧密型环绕则仍以直线为轮廓环绕对象；而在穿越型环绕中，文字会根据图片外形，出现在每个凹陷处。

因此：

1. 如果图片是方形或圆形，那么这两种环绕方式看上去基本没有区别。

2. 如果图片的轮廓严重下凹，那么就能看出一些区别了。

第五种，衬于文字下方。图片相当于背景图片。如果采用这种方法，当文字或文本框带有底纹时，图片也会被遮挡。另外，利用这种方法也能制作图片水印。

第六种，浮于文字上方。这种方法，图片会覆盖文字。

插入一张图片的正确方式

在讨论如何自由移动图片之前，再多说一个关于把图片插入文档的知识。这很重要：你当然知道如何往文档中插入图片，是直接把图片拖进去？还是复制粘贴？你知道稍有不慎，你就会让文档的体积过于庞大、变成一个容易崩溃的"胖子"吗？

理论上来说，在Word文档中插入图片有4种方法。

1. 复制图片→粘贴。

2. 直接将图片拖曳入文档。

3. 单击【插入】→【图片】→选取图片所在存储位置→插入图片。

4. 复制图片→单击【开始】→【粘贴】按钮下小箭头→【选择性粘贴】→选择所需格式。

如果采取方法1或2，会将图片和读图软件相关信息全部贴入文档。另外，Word还会自动在图片和读图软件中创建链接——没错，如果这样操作，你的Word文档就会无意之中变得庞大。

所以，如果你希望文档编辑起来不会卡，保存的时候速度嗖嗖的不出错，那么，大力推荐采用第3种和第4种方法。

其实，当你向Word插入图片时，Word会默默地自动压缩图片：默认为220ppi。当我希望图片无损地插入Word时，该怎么办？

【文件】→【选项】→【高级】→【图像大小和质量】→勾选"不压缩文件中的图像"即可。

图片的移动方式

搞清楚图片的存在方式之后，还是要问：为什么我们总是无法随心所欲地移动图片？

图片有时很难被选中：如图片非常小时，图片互相有重叠部分时，或者图片被选择为衬于文字下方时等。怎么办？

单击【开始】→【编辑】→【选择】→【选择窗格】侧边栏出现→直接选择。页面中所有的元素都会出现在其中，根据图片名称，单选多选请随意！

实例 26　单张图片如何自由移动

第一种，改变图片布局。把布局选项设置为除嵌入式之外的形式，鼠标拖曳时会较为灵活。

第二种，快捷键微调。如果需要微调图片位置，可以采取Ctrl键+方向键的形式，微调图片位置。

第三种，改变文档网格线间距。鼠标拖动图片移动时，每次移动的距离和文档的网格线间距一致。将网格线设置到最小时，拖移时就会感觉流畅了。

如何设置网格线？

单击【页面布局】→【排列】→【对齐】→【网格设置】→【网格线和参考线】→【网格设置区】→把其中的水平间距和垂直间距都改为最小数值0.1→【确定】生效。

再回到文档中拖动图片，你会发现顺滑许多。

实例 27　**多张图片如何自由移动**

可以对图片进行整体挪移么?

当然!

第一种方法是利用图文场功能。图文场能够存储被移动的多个对象,属于"自动图文集"。

具体操作方法是:同时选中图片→Ctrl键+F3键,所有被选中图片移动至图文场中→将光标挪动至目的位置,单击【插入】→【文本】→【文档部件】→【自动图文集】→选择起初被加入的图片→图片插入完成。

使用图文场功能时,你应该知道以下知识。

1. 被添加到图文场中的内容是作为一个整体插入到新的位置或文档。所有对象都被保留在图文场中,可重复插入。

2. 如果要将另一组对象添加至图文场,则必须先将原内容删除。

3. 如果图片1的布局为嵌入型,图片2的布局为文字环绕,则两张图片无法被同时选中。

第二种方法是利用Word自带的剪贴板。

从Office 2000开始,新增了Office剪贴板功能。它含有12个子剪贴板,也就是说,最多可以收集12项需要移动的内容。

具体操作方法是:选中需要被移动的图片→Ctrl键+C/X复制或剪切对象→重复操作,直至完成所有对象的剪切或复制→将光标移至目标处→【开始】→【剪贴板】右下角的小箭头→【剪贴板】侧边栏→【全部粘贴】,完成移动。

需要注意的是：

1. 若对象在12个以上，需要分几次实行。

2. 若同时选中图片（当然都是非嵌入式），也可以一次性剪切或复制，使用时也会作为整体粘贴。

3. 有时我们能直接看到图片预览，有时就如下图一样无法预览，但是这不影响使用。

4. 根据剪切/复制的顺序，图片在剪贴板中呈倒序排列。

实例 28　智能的对齐参考线

　　Photoshop中有参考线，Word中也有：Word甚至为你免去了自建参考线的麻烦，在Word（2013以上版本）中，对齐参考线是自动出现的。

　　当然，Word中的对齐参考线，主要是为了让文字与图片对齐而存在。

　　当图片被移到某个段落中或页面边缘时，页面中会出现智能绿色参考线：它提示了页面横向居中、页面左右边界、段落边界等关键位置。

　　这条智能的对齐参考线大大方便了排版工作中面对的"对齐"任务：当你刚开始往页面中填充各种部件时，就可以利用这根绿色的线条，充分实时预览移动某个元素之后的效果——图表、照片、文字、形状或文本框等。

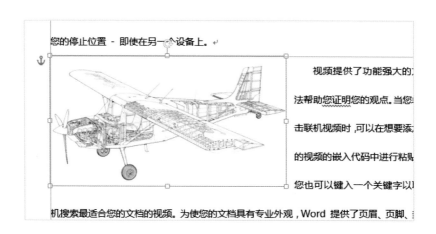

实例 29 　用锚固定图片

如果我们不想移动图片，可以把图片固定下来吗？

答案是肯定的。

先来看看如何将图片固定在某一页。

在图片移动过程中，我们常常能看到一个锚形的图案出现在图片的左边：这个符号就是"对象位置"。当非嵌入型的图片被设置为文字环绕布局时（六种文字环绕布局中的任意一种），对象位置符就会出现。

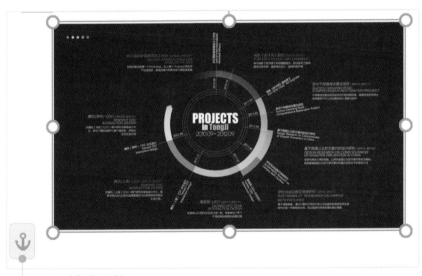

对象位置符

锚和图片永远处在同一页中，并且与锚所在段落绑定。图片总是和锚所在的段落一起。在页面内移动锚，图片不会随之移动。但若是锚被移动到了不同页，那么图片会立刻挪移至新的页面中。这就是为什么有时明明没有移动图片，图片却跑到了下一页。

如果你不希望这种情况发生，可以选择将锚和图捆绑起来。操作方法是：右键单击图片→【大小和位置】→【布局】→【位置】→勾选"锁定标记"选项→【确定】。再看"锚"，你会发现上面被加了小锁。尝试挪动锚，你会发现锚无法被选中。这时，图片可以在页面内移动，但是无法挪移到下一页！

如果你不光想绑定锚点和图片，并且希望图片位置不因文字变化而改变，那么你可以去掉"对象随文字移动"前的勾选。这样，图片就被固定在当前位置了。

当然，你也可以设置图片为嵌入式，图片就不会随文字移动而移动了。

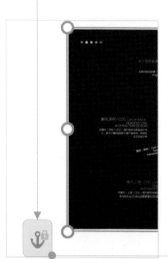

对象位置符旁出现锁定记号

图片化妆术

主要依靠【大小】工具栏，可以直接在高度、宽度中填入所需数据。如果同时选中图片，也可以一次性在此处统一更改图片尺寸。

需要填写比例而非厘米数字？单击【大小】右下角箭头→弹出【布局-大小】对话框→在【缩放】栏填写百分比→通常勾选"锁定纵横比"以避免图片比例失调。

别着急：为了解决这个问题，Word提供了整整一条标签页的工具：【图片工具-格式】标签页。

虽然没有办法像高深的Photoshop或Adobe Illustrator那般处理图片，但是一般的美化操作完全没有问题。例如，

1. 统一尺寸、裁切图片；
2. 给图片去除背景；
3. 给图片更换整体色彩；
4. 给图片增加艺术效果；
5. 给图片增加边框、阴影或三维模式；
6. 变更图片版式等。

实例 30　统一图片尺寸

如果需要在文档中陆续插入图片，然而图片的画风都不统一，那么页面难免凌乱：也就是俗称的，难看。

别着急：为了解决这个问题，Word提供了整整一条标签页的工具：【图片工具-格式】标签页。

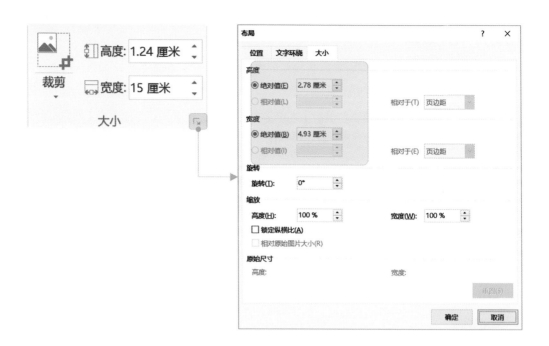

实例 31 图片裁切

有时需要切除图片多余的部分，可以单击【裁切】按钮完成。

图片四周会出现黑色虚线框，直接拖动框线便能裁掉不需要的部分。如果单击【裁切】按钮下半部分的黑色箭头，则会弹出对话框：你还可以选择裁切为某个形状，或是某个固定比例。

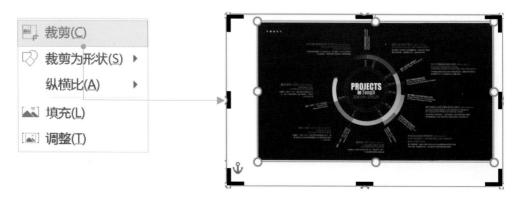

实例32　去除图片背景

给图片去除背景有两种情况：纯色背景和复杂背景。

如果背景为纯色，选中图片→单击【调整】→【颜色】→【设置透明色】→鼠标箭头变身魔棒→单击背景任意位置→去除背景色。不过，这种方法去除的并不十分彻底，最适合底色是白色、文档底色也是白色的情况。如果放在深色背景的文档中，就会显示很多"背景残渣"。这时，你也可以采取另一种方法。

另一种方法就是单击【删除背景】按钮：单击后，会生成新的标签页，内含删除背景的各种选项。同时，被删除的区域会显示为紫红色：紫红色代表即将被删除的区域。

默认删除的背景范围往往不合适，可以单击加/减号按钮手动调整。

单击显示图片默认被删除区域

被默认不删除的元素显示为正常颜色

拖动框体边界确认主体范围

实例 33　图片重新着色

【颜色】按钮中，除了透明色设置外，也可以选择现成的颜色方案，这就是给图片重新着色。你可以直接在菜单栏中看到预览：挑完选中就实现了。

不过，如果你希望把黑色图片调整成白色，还是需要借助别的工具。

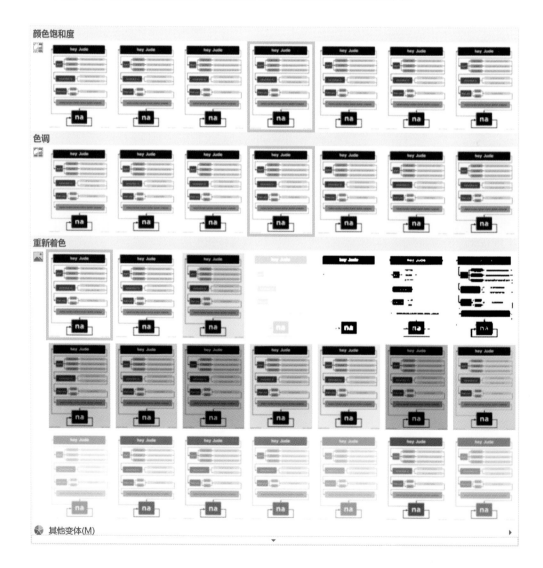

实例 34　自带"PS"功能：图片滤镜

Word内置的图片艺术效果十分丰富：简直和Photoshop的滤镜一样好用：选中图片→【艺术效果】→进行选择即可。

实例 35　**图片边框设置**

　　其实，统一图片风格，除了着色和滤镜之外，最直接的方法就是给图片增加一个统一的边框。

　　实现方法也很简单：选中图片→【图片样式】→选择方案即可。如果不满意，可随时单击别的样式进行切换。边框的颜色、粗细或线条类型当然都可以自定义设置。

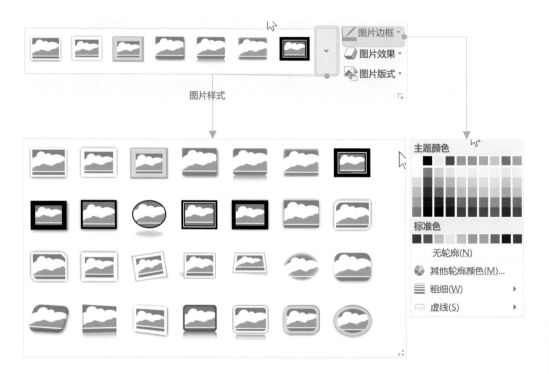

实例 36　**多图自动排列设置**

【图片版式】是个很让人惊喜的功能：它能自动编辑图片的排列形式并改变图片的外形。使用该功能后，自动转入SmartArt工具栏——所以该功能就是一键将图片转为SmartArt——图片边自动生成文本框，以便相关文字说明的编辑。对于图片很多、又苦恼如何排版的情况，不妨试试看，说不定会找到灵感。

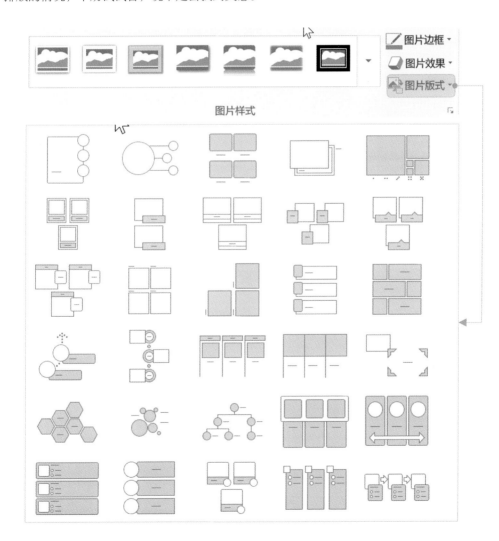

3.9 图表：不止有图和表而已

即使回到Office 2003，图表也可以做出非常专业的效果。现在，我们手握Word 2016，没有道理让文档中的图表还表现出业余水平。

完整图表的必备要素

一个完整的图表所应该具备的元素：绘图区内包括数据系列、网格线、坐标轴、图例；在图表区内则一般都含有图表标题和数据源。如果全部算起来，最多时有六个部分呢！

这六部分中，有些可以被省略，如图例、网格线；有些则是常常被无故漏掉，如标题、数据源。

标题，不是图表1、图表2……而是可以对图表内容做出概括的一句话。标题让阅读者能够简明扼要地掌握图表的主旨。

数据源是最不该缺的，连数据出处都说不清的图表，你也信？正是数据源，让图表显得严谨且专业。

下次制作图表时，不妨从增加这两个内容开始，文档的整体气质会获得提升喔！

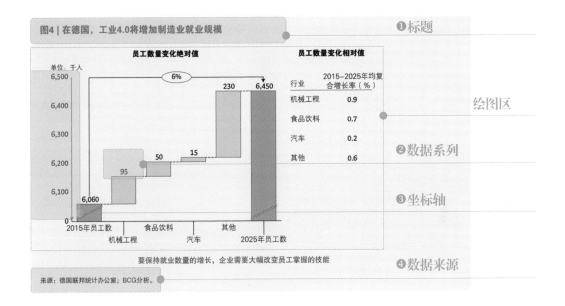

不过，增加以上内容时，千万记得要注意字体和字号的搭配。建议标题和图表中的英文及数字字体保持一致，且标题中的字号要大于图表中的字号，否则会显得不和谐。

如下图所示：标题是黑体加粗，图表中则使用了斜体，字号还大于标题，看上去就显得失衡了。

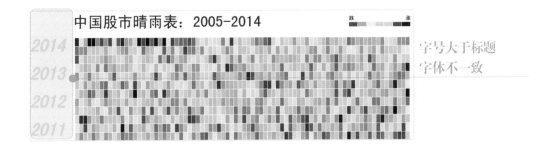

如何插入图表

撰写文档的过程中，往往需要不断修订文档内容。文字好改，图表怎么办？每次都重新绘制么？

如果采取先在Excel中绘制，然后复制贴入Word的方法，那么每次都需要重新绘制和插入才能使得图表与更改后的数据源同步。

有更简单的方法吗？

——当然是选择性粘贴。

首先，在Excel中绘制完成图表→复制（没错，到这步为止，看起来没有任何区别）→【粘贴】下方箭头→【链接与保留原格式】/【链接与使用目标格式】二选一。

完成之后，只要原图表发生任何变化，在文档中选择更新即可：右键单击图表→【更新链接】。

当然，如果是简单的图表，也可以在Word中直接绘制。

单击【插入】→【插图】→【图表】：你会发现，和Excel中插入图表功能一模一样。

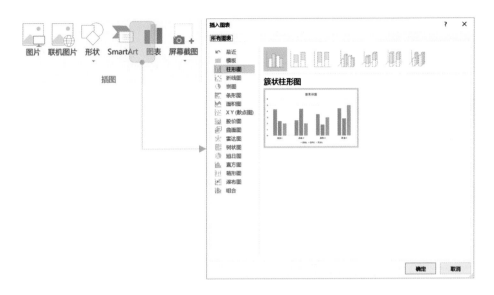

选择一种图表类型，如簇状柱形图。单击【确定】按钮后，文档中会出现绘图区和【图表工具】标签页，以及Excel表格！

接下来，你只需在这个窗口中编辑数据即可。当数据有修改时，右键单击数据系列，弹出菜单，选择【编辑数据】就会再度弹出表格对话框了。

实例 37　现成图表的直接使用

有时需要制作非数据类图表：如流程图、组织结构图等。怎么办，画画要好久！

当然不要画，要用SmartArt的现成方案。

【插图】工具栏→单击【SmartArt】按钮→单击选择并应用方案。

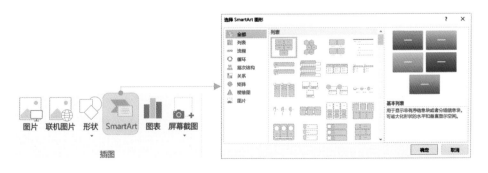

无论是列表、流程，还是循环、层次结构、矩阵图等，都可以在这里找到。

SmartArt的优点就是：高度自动化。

框线、填充等都可以一键设置。添加文字时，文字和框体都会根据字数的多少和页面的大小自动调整。甚至从流程图A改为流程图B，也只需要一键就能完成 。

使用SmartArt，你就省去了绘制图形、绘制文本框、设置图形格式、编辑文本框大小和文字字号等一系列琐事，再也没有比这更省事的方法了！你可以在本书找到关于如何正确、快捷地使用SmartArt的更详细说明。

3.10　图文关系的 N 种可能：图文混排

其实排版就一个目的：把图形和文字混合在一起，还要混合得好看。

很难?

从模仿开始，就会变得容易了。

把图放在页面上半部分，是非常传统的排版方法。这并不意味着不好看："传统"意味着虽然会略显乏味，但这样做肯定不会失误。

- 如果图片尺寸没有那么大，也可以只占据1/3的页面。
- 当图片非常小时，的确有一种放在哪里都不好看的感觉。建议在可能的情况下适当放大图片。如果大小合适，可以用类似分栏的页面布局放置图片。
- 如果尺寸实在很小，建议用文字环绕型布局。
- 如果有多张图片，可以插入无框线表格，辅助图片的对齐。
- 如果是图不大、但是图很多的情况，建议首先将图片裁剪为统一的尺寸，或者起码是统一的宽/高，然后再进行包围式的排列。
- 如果图片没有背景，那么排版时会灵活很多。另外，图片的剪裁和修饰也对页面整体的美观有很大影响。有关操作，可以参见本书3.8节（实例32）关于如何去除图片背景的相关内容。

以上是图文混排的**简单原则**，总结如下。

1．上下或左右排列，总是对的。

2．图片的尺寸很重要，当图片很少时，适度放大图片。

3．将图片和文字分为两栏排版。

4．如果图片很多，那么需要将图片修剪成统一的尺寸比例。

接下来，用一些实例来说明较为复杂的图文混排。

实例 38　两张图片的排版实例

关于上图值得借鉴的经验如下。

1.　变化的页眉横线：首页中是长横线，第二页为短横线，线条都在图片上方。

2.　不均匀的分栏：谁说分栏一定要左右尺寸相同？

3.　对称的页眉。

4.　标题和正文间的留白。

5.　页眉与横线之间的留白。

实例 39　**三张图片的排版实例**

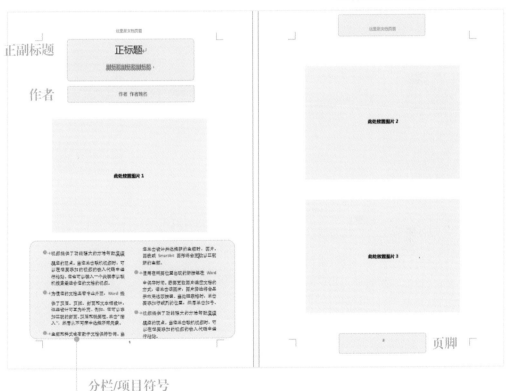

关于上图值得借鉴的经验如下。

1. 没有横线的页眉：如何去除页眉横线，可以参见本书相关内容。

2. 分栏：这简直是排版必备技能。

3. 彩色的项目符号。

实例 40　四张图片的排版实例

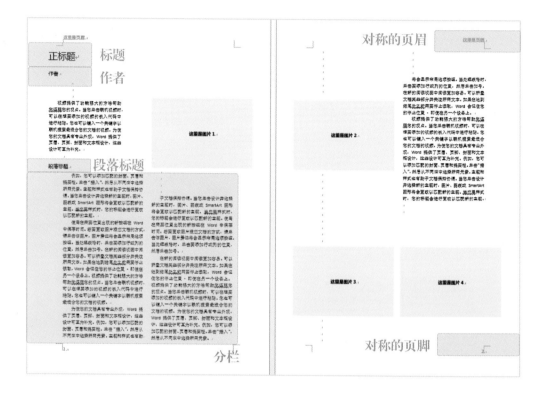

关于上图值得借鉴的经验如下。

1. 左对齐的标题和段落标题。

2. 对称的页眉和页脚。

3. 没有对齐的分栏：第一段比第二段总体靠前若干字符。

4. 文末图片和文字之间的留白。

实例 41　多张图片的排版实例

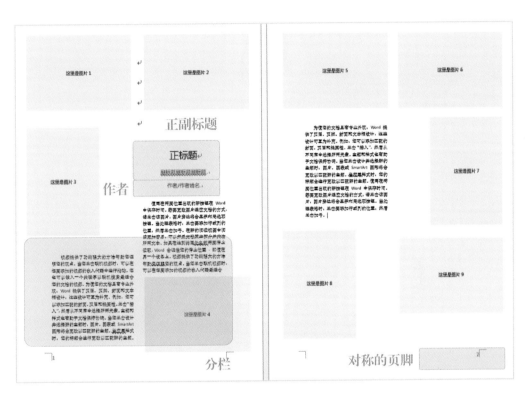

关于上图值得借鉴的经验如下。

1. 基本对称排布的图片布局。

2. 被舍弃的页眉：与其挤在一起，不如舍弃一项。

3. 文字的排布：不多的文字，为了适配图片，分散在两个页面中。

以上四类实例显示，复杂的图文排版通常具备以下特点。

1. 页面中所有图片的比例一致。

2. 采取分栏的方式。

3. 大量采取留白。

4. 简单的页眉与页脚。

和秋叶一起学Word

排版特技

CHAPTER 4

被你忽视的
排版秘笈

- 真的制作文稿的时候，搞定了文字和图片，你
  会发现，细节才是制胜的关键！
- 这一章重拾被你忽视的排版知识

4.1　高度自定义的自动目录

制作目录很简单，但在追求自定义的过程中，常常变得无比烦琐。

本章主要协助你事先掌握目录的制作关键，并解决你在自定义过程中可能遇到的困难。

▎目录制作与注意事项

实例 42　目录的生成

单纯地制作一份自动更新的目录并不难：概括来说，只要两步。

首先，你需要为文档标题选择"标题1""标题2"等样式：通过设置样式，你让Word知道，哪里的文字是标题、是哪一级标题。为制作目录准备好素材。

其次，生成目录：把光标挪至文档最前，单击【引用】→【目录】工具栏→【目录】→选择内置样式/自定义样式→确定生成目录。

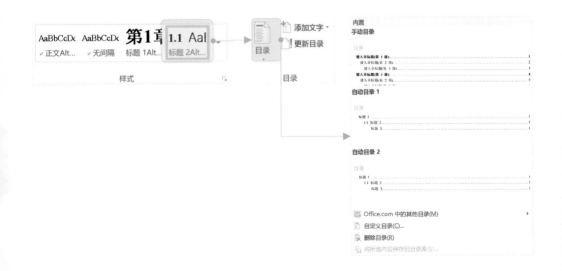

实例 43　目录制作注意事项

1. 关于标题样式，经常会有这样的疑问：必须要使用内置标题样式吗？

没错！回答是肯定的。

你不妨测试一下：新建一个样式，取名为"一级标题测试"，然后将它的样式基准设定为标题1。对文档内的标题进行样式设定。当你插入目录时，屏幕上会弹出一个提示框：

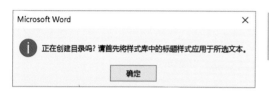

2. 如果根据在原有的标题样式基础上，更改样式名称可以吗？可以！没错，Word的逻辑就是，完全新建不可以，但是改名字没问题。

3. 标题样式与目录样式并不联动。具体参见本章接下来的范例。

4. 建议单独为目录留一整页，方便阅读和后续操作。如何最快捷地留一整页？请参阅本书关于如何科学分页的相关章节。

目录样式自定义

只能选择内置的标题样式，目录样式还谈的上自定义吗？

回答仍然是肯定的！

目录样式的自定义可以分为两个部分：标题样式的自定义，以及最后呈现为目录时的自定义。

实例 44　标题样式自定义

　　标题样式必须自定义不等于标题样式不能修改：唯一的要求，只是不能改变标题样式的名称，其他随便改！样式设置，请参阅本书样式的新建与修改相关内容。

实例 45　目录样式自定义

　　Word内置目录样式有3种：简单型、正式型或优雅型。如果希望做更多的个性化选择，那么完全可以对目录进行自定义。

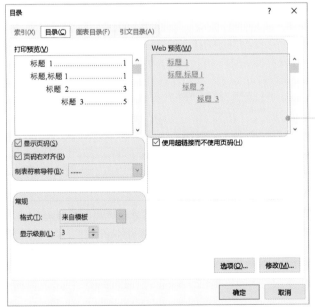

即时效果预览窗口

是否显示页码？页码与标题之间是否存在连接线？连接线的类型？都可以在【目录】对话框中设置。

1. 取消"显示页码"勾选，则目录中只显示标题不显示页码。

2. 如果取消"页码右对齐"，则目录中的页码会紧跟标题后显示。

3. "制表符前导符"就是指页码与标题间连接线的样式，可以有5种不同选择。

所有选择可以立刻在【目录】对话框中内置的"打印预览"中看到应用效果。

如果希望做更大程度的自定义，在【目录】对话框内→【修改】→【样式】→【修改】。

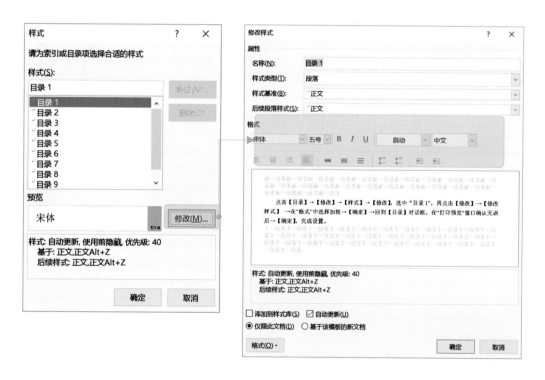

这里的"目录1"和"目录2"等，对应的是标题的等级。单击选中相应的目录层级，可以进行各种格式设置：字体、加粗、字号、对齐方式等，与设置标题样式的方法一致。

例如，你希望目录效果如下图所示：一级标题加粗显示，而二级、三级标题维持不加粗字体。

不，首先必须澄清，这不是依靠标题本身样式达成的效果：不信你可以试试看，将二、三级标题设置为不加粗字体，是否在生成目录时能达到上图的效果。

正确的操作是（参考自定义目录相关步骤）：进入目录【样式】对话框→选中"目录1"→【修改】→"格式"选择加粗→【确定】→回到【目录】对话框。默认目录2、目录3为不加粗，这样就完成了设置。

目录的更新与样式保留

为什么不是手工输入，而是用这样的形式"生成"目录？

当然是因为方便!

实例 46　自动更新页码与标题内容

　　如果标题中有任何修改、页码有任何变动，如果手动制作，那么对应的修改工作量就会大大增加。而自动生成的目录，当然无须那么麻烦，而且保证一定正确。

　　当目录对应的标题或页码有所变化时：将光标移至目录中→单击右键→【更新域】→弹出对话框→根据需要选择只更新页码/更新整个目录即可。

　　一般情况下，如果标题的内容或前后顺序没有调整，可以直接选择"只更新页码"。

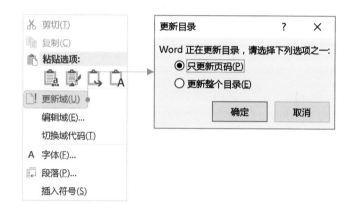

实例 47　更新内容后仍然保留目录样式

　　如果你是根据前文的方法，在【样式】中对目录进行修改，那就算选择更新整个目录，你所做的格式设定，在更新后仍能维持。

　　如果你是直接在目录中进行的操作，没有在【样式】中修改：例如，你是在生成目录以后，对一级目录做手工加粗，那么更新整个目录后，你所做的格式设定会消失，目录会恢复到原始状态。

　　说到这里，聪明的你一定知道，以后应该用什么方法设置目录，让目录无论怎么更新，都能保持你要的样子了。

章节目录的制作

当文档的篇幅很长时（如本书），我们常常需要在每一章的前面加上章节目录。但是Word并不能自动根据章节生成目录，因此，需要稍作加工。

首先，需要生成第二份完整的目录。

制作目录很熟练了吧？快把光标移至第1章的合适位置——记得用4.1节（实例43）目录制作的4个注意事项进行复查——再生成一份完整的目录。如果真的忘记了具体步骤，请参考相关步骤。

和之前不一样的是，当你完成第二份目录，会弹出确认是否需要替换原有的总目录，必须选否。

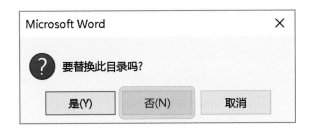

其次，需要切断目录链接。

选中第二份完整的目录，同时按快捷键Ctrl+Shift+F9，切断目录域链接：目录不再显示灰色域底纹。

特别提醒：用鼠标从头至尾的选中才能生效！因为在切断域链接之前，单击目录中的任何区域，整个目录都会显示灰色域底纹，让你产生"已经选中了目录"的错觉。如果此时你同时按快捷键Ctrl+Shift+F9，你会发现什么都没有发生：或者是个别标题变成了超链接的形式。

最后，你需要手工剪切相关章节目录至各章节前预留的位置。

表目录和图目录

论文、书籍中常常会有许多图表。表目录、图目录的存在，给后续的查阅、引用都提供了很大的方便。

如何制作图/表目录？

我们需要为文档中的图/表插入题注：没有题注当然无法制作图表目录。插入题注的相关操作，请参阅本书关于制作题注的相关章节。

完成图/表题注的添加后，把光标移到需要插入图/表目录的位置，单击【引用】→【题注】→【插入表目录】→【图表目录】→选择目录样式→【确定】完成。

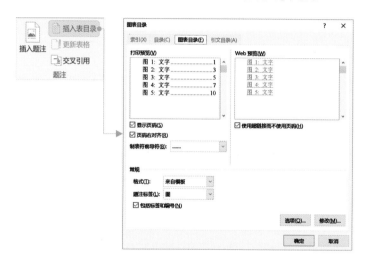

怎么样，是不是和目录制作的对话框很类似？事实上，设置也基本相同。如果需要自定义，单击【修改】按钮，可以进行各种格式设置。

值得注意的是：

1. 没错！Word没有【插入图目录】按钮。图/表目录，都是通过【插入表目录】完成的。

2. 预览中的"图1：文字"中的"文字"指的是题注中跟在"图1"后的图片说明。如果题注中没有添加，则此处空缺。

如题注没有添加，
则默认不显示的部分

4.2　特殊位置的多重页码系统

有了目录，我们就能按图索骥，根据标题对应的页码找到相应内容。

这个常常出现在页面边角处的数字，在排版中可是个大事情：在什么位置？有几重页码系统？看上去都是大工程。

除了上下，还有左右

页眉/页脚仿佛已经成为页码出现的固定位置：其实，除了页面上下，左右甚至任意位置，页码都有可能出现。

实例 48　**在页面上下空白处插入页码**

双击页眉/页脚空白处→【页眉页脚工具-设计】标签页→【页眉和页脚】工具栏→【页码】→选择页码样式。

Word内置了许多页码样式，可以直接选用。

实例 49　**在左右页边插入页码**

如果希望插入页码的位置不在页眉/页脚怎么办？

方法一是直接在【页边距】中选择：【插入】→【页眉和页脚】→【页码】→【页边距】→选择方案。虽然前4步和在页眉页脚插入不同，但工具栏和按钮完全一致，可以参考上一页。内置的方案则可以参考下图。

方法二是利用域在任意位置插入页码。

如果是利用域和文本框，就可以在任意位置插入页码：在所需位置插入文本框→【插入】→【文本】→【文档部件】→【域】→类别选择【编号】→ Page →选择页码格式→【确定】。

Page代表的是页码。如果你希望文本框中出现的是"第x页，共y页"的字样。那么，第一个x处填入的是Page，第二个y处填入的是NumPages，如下图所示。

页码的格式

实例 50　**设置简单数字格式的页码**

　　最常见的页码格式当然是阿拉伯数字1、2、3……如果需要中文大写汉字或罗马数字来作为页码标识，那么需要在插入页码时进行设置：双击页眉/页脚空白处→【页眉页脚工具-设计】标签页→页眉和页脚→【页码】→设置页码格式→【页码格式】对话框→在编号格式中进行选择。

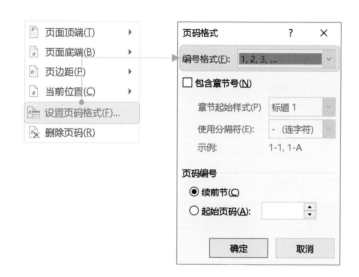

实例 51　设置包含章节号的页码

如果需要在页码中包含章节号，可以在【页码格式】对话框进行勾选。

需要注意的是，这里的"章节号"必须是应用了标题样式的章节号。否则，你会收到Word弹出的提示窗：

> **Microsoft Word** ✕
>
> ⓘ 题注或页码中不含章节编号。若要应用章节编号，请使用"开始"选项卡上的"多级列表"按钮，然后选择链接到标题样式的编号方案。
>
> 确定

关于如何将自动章节编号链接至标题样式，请参阅本书标题自动链接的相关内容。

实例 52　设置不从 1 开始的页码

假设文档存在这样的结构：封面→前言→目录→正文→附录。其中封面不需要页码，但是和前言的页码连续计算。也就是说：封面不显示页码，前言的页码从2开始。

这种情况下，需要分节符出场。关于分节符，可以参阅本书1.8节（实例02）使用分页符科学分页的相关内容。

把光标移至封面空白处→【页面布局】→页面设置→【分隔符】→插入【分节符下一页】。

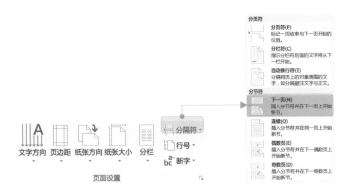

完成后，封面页面底端可能会出现如下标识：这不会被打印出来，但是在编辑过程中可见。

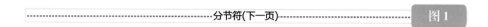

·····································分节符(下一页)····································· 图1

双击位于前言的页眉→【页眉页脚工具-设计】标签页→导航→取消选中"链接到前一条页眉"→【页码】→设置页码格式→页码编号→"起始页码"设置为2→光标移至封面，删除封面页眉上的页码。

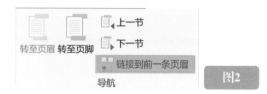

图2

实例53　设置多重页码系统

当完成了如上的封面和前言部分页码设置后，如果封面+前言/目录/正文/附录，需要4个独立的页码系统呢？也就是，4个部分的页码都单独计算，并且很可能数字形式有所不同。

完成多重页码系统很简单，都是你已经掌握的操作。

1. 在前言、目录、正文最后插入分节符。参见上图1。

2. 进入【页眉/页脚】编辑状态，取消目录与前言、正文与目录之间的"链接到前一条页眉"。参见上图2。

分节符与分页符

要在同一个文档中使用多个页码系统，必然要用到分隔符。其中，最常用的就是分节符-下一页。其实，分隔符有两类，一类是分页符，另一类是分节符。

先看分页符：分页分页，不就是分出新一页吗？

仔细看菜单栏，分页符居然也有三种：分页符、分栏符和自动换行符。

分页符顾名思义，效果与分节符-下一页相同。

自动换行符通常用于需要发表在网页上的文档，用于手工断行。自动换行符的另一个名字叫做"软回车"，具体请参阅本书第1章中相关内容的讲解。

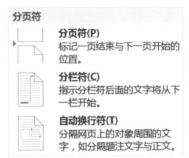

分栏符的效果如下图所示：图中左页是普通的分栏效果；右边页中，在左侧栏中插入了分栏符，则文字从符号处中断，然后在另一栏起点处继续。

1. 分栏符和分栏功能有什么区别?

分栏是将一页分成两栏或几栏,分栏符则是在分栏之后,对两栏或多栏中的文字位置做精确控制。

2. 分栏符有什么用处?

当需要对分栏后的版面做精确控制时,如用Word排版制作报纸时。

至于分节符,是样式分隔的利器。

有了分节符,在同一个文档内,以下内容在前后节中都可以被设置为不同格式。

1. 纸张大小或方向:可以是横竖交叉;

2. 打印机纸张来源:可以是不同大小的纸张;

3. 页面边距:可以宽窄不同;

4. 文本对齐方式:可以按不同的缩进量对齐;

5. 页眉和页脚:可以设置为不同的内容;

6. 页码编号:可以中断而后重新计数。

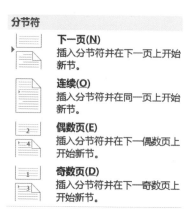

其中,"下一页"分节符常常被用于开始新的章节时。如果要保持新的一章始终在奇数页或偶数页,那么可以用到"偶数页"/"奇数页"分节符。"连续"分节符通常被用于改变同一页内的版式,如下图所示。

实例 54　迅速批量删除分隔符

分隔符能迅速在文档内插入空白页，这给广大"敲回车敲断手党"制造了福音。

但如果不曾将所有格式标记设置为可见，那么当空白页成为冗余时，删除分隔符会显得很麻烦：分隔符到底在哪里？

这时，推荐使用查找/替换工具对分隔符进行删除。以分节符为例：

单击【开始】标签页→编辑→【替换】→查找内容内输入^b（英文半角状态下）→替换为内留空（什么都不输入）→【全部替换】。则全部分节符删除完成。

将^b换为^m，则删除所有分页符。

查找和替换		?	×
查找(D)　替换(P)　定位(G)			
查找内容(N):　^b			
替换为(I):			
更多(M) >>	替换(R)　全部替换(A)　查找下一处(F)　取消		

4.3　个性化注释的制作和设置

写着写着，总是时不时要为文档加点解释性的文字：脚注、尾注、给图表加题注……

在"注释"这种小细节里，最能体现文档的专业度。想让文档显得高大上？千万别错过本节。

如何添加和删除脚注

脚注，就是注释出现的位置在页脚处。如果你写着写着，对页面中的某个词汇或句子想单独特别说明一下，不妨用这个方式。

通常，脚注通过页面底部的短横线和正文做区分，字号也比正文略小。所有的脚注都有编号。

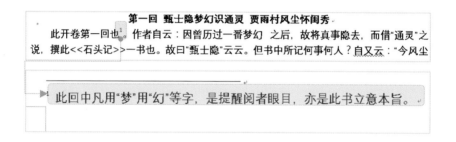

实例 55　添加脚注

把光标放在需要插入脚注的地方，【引用】→【脚注】→【插入脚注】。被标注的字词会自动生成上标形式的数字，然后跳转至页脚：那里也已自动生成了横线和数字，等待你输入脚注内容。

如果继续添加脚注，Word会根据脚注在文中的先后位置，自动调整脚注编号。

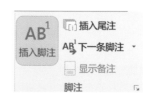

亦即：脚注的序号和插入时的先后顺序无关，只根据脚注对应的主文档字词位置排序。

实例56　**删除脚注**

删除脚注，可以直接把脚注区域的内容删去吗？不行——

1. 正文中依然存在这个空脚注：简单地说就是，当你插入下一条脚注时，无法获得连续的编号，因为空脚注还留着。

2. 就算没有脚注内容存在，横线无法删除。

怎么办？

正确的删除方法是：删除正文中脚注自动生成的上标。这样，上标和脚注内容会自动一并删除。

可是上标这么小，字那么多……没关系，直接单击脚注工具栏中的【下一条脚注】，迅速定位。

将光标放在页面中的任意位置，单击【引用】→【脚注】→【显示备注】，你会发现，光标迅速定位到了当前页面底端的脚注位置。再单击一次，光标就直接到了该脚注对应的上标位置。

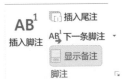

如果当前页面没有脚注，则光标会定位至文档中最后一处脚注所在页面底端。如果页面中有多个脚注，光标会切换到最后一个脚注对应的上标处。

可是我们要的是空脚注，未必是最后一个脚注啊！

别急，等光标移动至页面中最后一个脚注对应的上标时，单击【脚注】→【下一条脚注】右侧的下拉箭头→【上一条脚注】。通过这个功能，可以迅速地切换至页面中各脚注所在位置。

你也可以直接将光标放在含有空脚注的页面底端，单击右键→【定位至脚注】。

光标会迅速跳转至文档中最后一个脚注所在上标位置。然后如前操作，单击【脚注】→【下一条脚注】右侧的下拉箭头→【上一条脚注】就可以了。

自定义脚注格式

脚注必须在页面底端吗？

脚注中可以增加符号吗？

脚注编号的数字格式可以更改吗？

脚注编号的方式可以更改吗？

必须用短横线与正文分隔吗？

——当然都可以自定义设置！单击【脚注】工具栏右下角的小箭头，就会弹出【脚注和尾注】对话框。

在对话框中，我们可以对脚注的位置、编号等做相应的自定义。

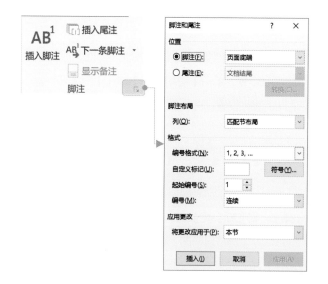

实例 57　脚注位置的移动

等等，脚注不是就在页脚位置吗？不仅仅是：Word给出了第二种选择"文字下方"。

文字下方是指紧跟文字之后？

还真不是！

二者的区别在于：设置"文字下方"的脚注出现在本页最后一段的下方——如果最后一

个段落位于页面中间或页面上部，那么脚注就会随之移动，如图1所示。

　　而设置为"页面底端"的脚注则始终位于本页页面的最下方，如图2所示。

　　当段落布满页面时，面底端和文字下方脚注的显示效果基本一致。

图1

图2

实例 58　脚注分栏

文档可以分栏，脚注可以吗?

当然可以。

图1

图2

图3

这仍然需要在"脚注布局"中进行设置，如图1所示。

默认选项为"匹配节布局"，也就是和主文档保持一致。如果主文档未分栏，则脚注也是一直溜的排列，如图2所示。同理，如果主文档分栏，则脚注也相应分栏。

如果单独选择脚注为1列或2/3/4列，则不管主文档是否分栏或分几栏，脚注始终保持1列或2/3/4列，如图3所示。

实例 59　脚注中的编号格式、特殊符号和编号顺序

你若觉得1、2、3这样的标注方法太过乏味，或与文档风格不符，可以通过【脚注和尾注】对话框中的"编号格式"部分进行设定。可以有中文数字、带圈字符或括号数字、或是英文等选择。

或者你希望单独给某个脚注增加特殊的符号，可以在"自定义标记"中，单击【符号】按钮进行选择。如下图所示：脚注采用了星标记号，编号数字格式为带圈字符。

★① 此回中凡用"梦"用"幻"等字，是提醒阅者眼目，亦是此书立意本旨。

脚注的编号顺序也可以通过"起始编号"和"编号"进行设定。通过这个功能，可以实现脚注在新章节开始时重新编号：只需在每个章节间插入分节符并选用"每节重新编号"。或是让脚注按页重新编号：换一页即采用新的编号顺序，这里选用"每页重新编号"。

最后，你可以把所有设置完成的脚注信息，设定为只对本节生效，或是对全文档生效。这里"节"的含义和上文相同。如果你从未插入过分节符，那么两个选项的效用一致：本节的范围=全文档。

实例 60　脚注中的横线如何删除或变换

不管是文字下方还是页面底端，脚注上方总有一条横线。

先来看看如何删除这条横线：进入【视图】标签页→【视图】工具栏→【草稿】。

视图

此时页面左侧出现导航栏，右边为文档主体。切换至【引用】→【脚注】→【显示备注】。

导航窗口

选中后，文档主体底部出现了"脚注"栏，如上图所示。

单击"所有脚注"右侧的向下小箭头→选择"脚注分隔符"。那条看似删不掉的横线就在备注区域中出现啦！

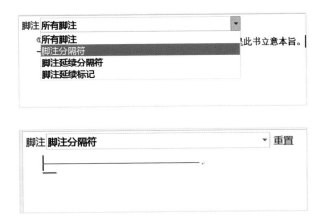

接下来，你可以直接选中横线进行删除。

或者也可以通过简便的输入方法，让脚注的线条变个样：所有的输入都为英文半角状态。

1. 连续输入3个"-"减号，然后回车即可出现一整行下划线；

2. 连续输入3个"="等于号，回车即可得到一整行双下划线；

3. 连续输入3个"~"波浪，回车即可得到一整行波浪线；

4. 连续输入3个"*"星号，回车得到一条虚线；

5. 连续输入3个"#"井号，回车得到一条三线下划线。

完成后，选中【视图】标签页→【视图】工具栏→【页面视图】，就会回到正常编辑状态。

自定义尾注及相关操作

和脚注类似：尾注，就是在整篇文档或是一节文档的最后出现的注释。

和脚注的区别在于，尾注一般不会和上标在同一页内出现，除非上标已经在节或文档的末尾。

这里的节当然还是指插入分节符后产生的"节"。

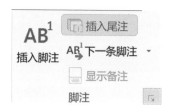

插入尾注，只需单击【引用】→【脚注】→【插入尾注】即可。

对尾注进行自定义的方法也和脚注类似：单击【脚注】工具栏右下角的箭头→弹出【脚注和尾注】对话框→依次进行设定便可。

如果需要删除尾注上方的横线，和脚注中操作类似：进入草稿视图→【显示备注】→勾选"查看尾注区"。页面底端出现尾注区，便可以进行相关操作了。

![脚注和尾注对话框]

尾注的相关操作，诸如插入、自定义格式、删除横线及横线自定义，或者删除尾注的步骤都和脚注类似，可以翻阅前文进行参考。

题注的常见操作困境和解决办法

在第2章我们已经接触过基本的题注操作，请参阅相关章节。

4.4　高度自动化的关键词引用和罗列

文末关键词一览表：索引

"索引"是什么?

其实"索引"是一种关键词备忘录：它是根据需要，将文档中的有关事项（如字、词、人名/地名、书名/刊名、篇名/主题等）分别摘录，注明出处所在页码，按一定的检索方法（首字母顺序、笔画顺序等）编排以供查阅。一般附在文档的末尾。

虽然通常你都是翻翻就过去了，不过当你需要撰写相关论文或书籍时，就会感觉如获至宝：关键字都列得清清楚楚，还能按图索骥，没有比这个更方便的了。

しえられお〜じしゃのち　索引

シエラレオネ共和国 299	磁気嵐 75	資源配置 452
ジェリー・イェン 401	磁気カード 58	試験勉強 26
ジェリー酒 397	磁気共鳴画像診断 144	試験問題のデータベース 344
シェリング・ブラウ 379	時期経過船荷証券 138,316	試験や審査による採用 197
ジェル状 178	磁器婚式 58	試行 319
支援 20	シギショアラ歴史地区 376	試行雇用 319
シェンイン・ワングオ 310	敷地境界線 176	施行する 55
支援金 422	磁気ディスク 58	試行する 319
「シェンゲン協定」 310	式典アシスタント 217	指向性エネルギー兵器 84
シェンジェン・インターナショナル・ホールディングス 310	直取引 436	自己解凍ファイル 453
	識別子 31	自己株式 204
シェンジェン・インベストメント 310	色魔 303	自国通貨建て 410,436
	直物価格 380	自己啓発 453
ジェンダー 309	直物為替 167,380	自己資本 451,454
ジェンネ旧市街 180	直物相場 167,380	自己資本比率 451,454
支援の必要な貧しい学生 343	時総 168	仕事がなくて暇にしている 170
支援を受ける 323	自給自足経済 454	仕事中毒 124
塩漬け 342	子宮内胎児死亡 337	仕事の虫 124
シオノギ製薬 402	市況 143	自己売買業務 434
しおり 323	事業化調査 200	自己破産 453
市価 319,320	事業計画 320,416	自己防衛意識 453
時価 317,320,381	事業債 278	資材所要量計画 374
視界 258,319	事業再構築 277	自作機 61
市外局番 284	事業主 406	自作パソコン 61
仕掛り品 19,20,427	事業部制 320	試作品 320
時価換算 10	磁気流体発電 58	字下げ 334
死角 240	指揮をする 436	自殺点 370
資格取得者 27	資金援助を打ち切る 90	資産 451
仕掛品〈しかけひん〉 19,20,427	資金供与する 428	資産運用 216
滋賀県 452	資金繰り 452	資産税 41
シカゴ 435	資金源 279	資産占有債務者 429
「シカゴ」 435	資金注入 448	資産置換 452
シカゴ大学 435	資金調査 403	資産調査 403
「シカゴ・トリビューン」 435	資金調達 54	持参人払小切手 176,211
時価主義 319	資金調達ルート 293	資産刻幣 451
時価転換 10	資金の出所 279	資産評価 452
時価発行 10,317,319	資金不足 349	指示器 437
自家用車 170,172	資金振替 452	支持者 417
自家用車のナンバープレート 330	資金ポジション 452	支持する 450
	資金を融与する 428	時事通信社 317
直リンク 436	ジグ 170	事実上の標準 143
時間外勤務手当 170	シグナ 391	事実調査団 433
時間貸しの部屋 439	しくみ 125	資質や実力 258
時間給 168	刺激 58	事実や真相を隠蔽して報告する 239
時間給労働者 385,439	資源 452	
時間差 317	試験管ベビー 319	支社 105
時間差攻撃[バレーボールの] 317	試験結婚 319	試写会 320
	時限スト 84	自社開発の知的財産権 454
時間のずれ 317	試験対策問題集 342	自社の知的財産権 454
	事件に関与する 309	

索引

503

实例61 索引的制作

制作索引意味着：所有被列入"索引"的关键词（字、词、人名/地名、书名/刊名、篇名/主题等），每出现一次，就要记录一次所对应的页码。

而文档在编辑过程中，每次修订，也都会牵连所有的"索引"内容发生变动：如关键词的增减，以及相应页码的变化。

通常需要制作索引的文档规模都不小，制作索引也就变成一项浩大的工程！如果手工制作，你需要：

1. 记录每一次关键词出现的页码，不停地记录、记录、记录……

2. 当任意修改引起文档页码变化时，对所有的索引项页码进行更新。

3. 在文档完成后，复核索引项所在页码：很可能插入封面等最后的设置导致了页码位置发生变化。

4. 在文档最后输入索引项及对应页码，不停地输入、输入、输入……

当然，你完全可以利用Word相关功能把这项工程完成得游刃有余。用Word制作索引只需要两步：

1. 标记索引项；

2. 生成索引。

索引项包括主索引项和次索引项。

主索引项和次索引项的关系，好比一个人的学名和昵称：你将乔布斯列为索引项，文中主索引项除了乔布斯，老乔也归在这个条目下，老乔就是次索引项。

标记索引项，也就是把文档中作为索引的词汇用Word认可的方法标识出来。有两种途径。

第一种是手动标记。

例如，你需要制作一份索引，内容是《论语》中除孔夫子外的所有人物姓名。

打开《论语》第一篇，出现的第一个除孔子外的人物姓名是"有子"：选中"有子"→单击【引用】→【索引】→【标记索引项】。

注意事项：

1. "主索引项"中已经填入了"有子"；如果开始不选中，那么出现的窗口是空白的；

2. "页码格式"指的是最后在列出索引时，页码字体是否需要加粗或倾斜，例如，"有子：2"或"有子：*2*"。

3. 完成设定后，如果选择【标记】，则只标记当前项目为索引，通常我们会选择【标记全部】，以避免重复劳动。

如果你需要继续添加索引，可以不关闭这个对话框，继续重复如上操作。等全部完成后，单击【关闭】按钮即可。

可以一次性完成索引标记工作吗？当然可以。第二种途径就是自动索引标记。

简单地说，就是通过导入文档完成自动标记索引的工作。

姑且将这个文档称为"索引表"：索引表在使用前，必须符合下列两点要求。

1. 包含索引项的信息。

2. 必须符合一定的格式：必须是一个双列表格。

索引表的第一列含有索引词条，第二列内按照"主索引项：次索引项"的格式填入内容。如果没有次索引项呢？那就是"主索引项：主索引项"。如果有第三层索引项呢？那就继续跟在次索引项后面："主索引项：次索引项：第三层索引项"。

如下图所示为《论语》索引表的一部分，其中颜回条目有次索引项。

制作完成索引表后，关闭该文档。

子贡	子贡:子贡
子张	子张:子张
子夏	子夏:子夏
子羹	子羹:子羹
子禽	子禽:子禽
子游	子游:子游
有子	有子:有子
季康子	季康子:季康子
孟武伯	孟武伯:孟武伯
孟懿子	孟懿子:孟懿子
哀公	哀公:哀公
曾子	曾子:曾子
颜回	颜回:回

然后打开主文档，单击【引用】→【索引】→【插入索引】→【索引】→【自动标记】→打开索引表所在位置→【打开】。主文档会根据索引表的内容，自动完成全文索引标记。

完成主文档中索引的标记之后，回到【索引】对话框，单击【确定】按钮，索引就会在光标所在位置生成，如下图所示。

实例 62　**自定义索引样式**

索引可以理解为一种特殊的目录。自定义索引和修改目录样式的方法类似。

【引用】→【索引】→【插入索引】→【修改】→【样式】→选择需要修改的索引层级→【修改】→【修改样式】→进行各项样式的自定义修改。

如果是生成索引之后修订样式，也可以直接在索引区域右键单击→【编辑域】→弹出域窗口→【索引】，然后会跳转至索引窗口。

索引1对应的是主索引项，索引2对应的是次索引项，依此类推。

在制作索引的过程中你会发现：Word自动将索引项分栏显示。如果对分栏结果不满意，可以直接手动进行调整。

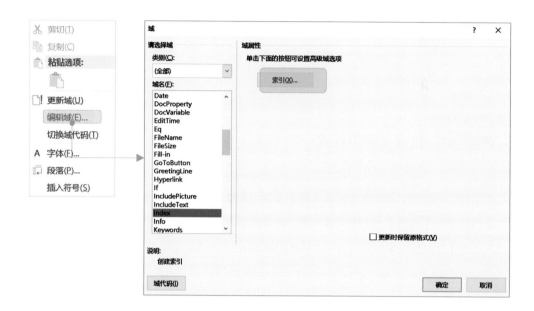

4.5　利用查找和替换迅速完成版面整理

在完成文档之前，我们考虑的第一要务是把内容完成。但是一旦完成，文稿的版面设置就是最要紧的事了。

如多余空格或空白区域的删除，如某个字体的统一替换，如图片格式的统一。如果都靠手动完成——

麻烦1：费时费力；

麻烦2：容易出错。

但是，如果不用手动，怎么办?

当然是用查找替换!

空白区域的删除

视频提供了功能强大的方法帮助您证明您的观　点。当您单击联机视频时，可以在想要添加的视频的嵌入代码中进行粘贴。您也可以键入一个关键字以联机搜索最适合您的文档的视频。为使您　的文档具有专业外观，Word 提供了页眉、页脚、封面和文本框设计，这些设计可互为补充。例如，您可以添加匹配的封面、页　眉和提要栏。

单击"插入"，然后从不同库中选择所需元素。主　题和样式也有助于文档保持协调。当您单击设计并选择新的主题时，图　片、图表或 SmartArt 图形将会更改以匹配新的主题。当应用样式时，您的标题会进行更改以匹配新的主题。使用在需要位置出现的新按钮在 Word 中保存时间。

若要更改图片适应文档的方式，请单击　该图片，图片旁边将会显示布局选项按钮。当处理表格时，单击要添加行或列的位置，然后单击加号。在新的阅读视图中阅读更加容易。可以折叠文档某些部分并关注所需文本。如果在达到结尾处之前需要停止读取，Word　会记住您的停止位置 – 即使在另一个设备上。

如上图所示：可能因为援引的原文中含有很多空格，也可能因为编辑过程中存在操作不规范，总之，结果就是，我们的文稿最后含有许多空白区域。

首先，澄清一下空格和空白区域的关系：空白区域=n个空格。所以，能够适用于删除空白区域的方法，就一定能够删除多余空格。

无需记忆，无需编程，直接操作即可!

　　【开始】→【替换】→弹出窗口，【更多】→【特殊格式】→【空白区域】→【查找内容】内自动填充^w→【替换】留空→【全部替换】。

　　这样，所有的空白区域就全部完成了替换。

Step5
查找内容内自动填充^w

查找和替换		?	×

查找(D)　替换(P)　定位(G)

查找内容(N)：^w

选项：　区分全/半角

替换为(I)：

更多(M) >>　　　替换(R)　　　全部替换(A)　　　查找下一处(F)　　　关闭

等等：那些多余的空白是怎么回事？

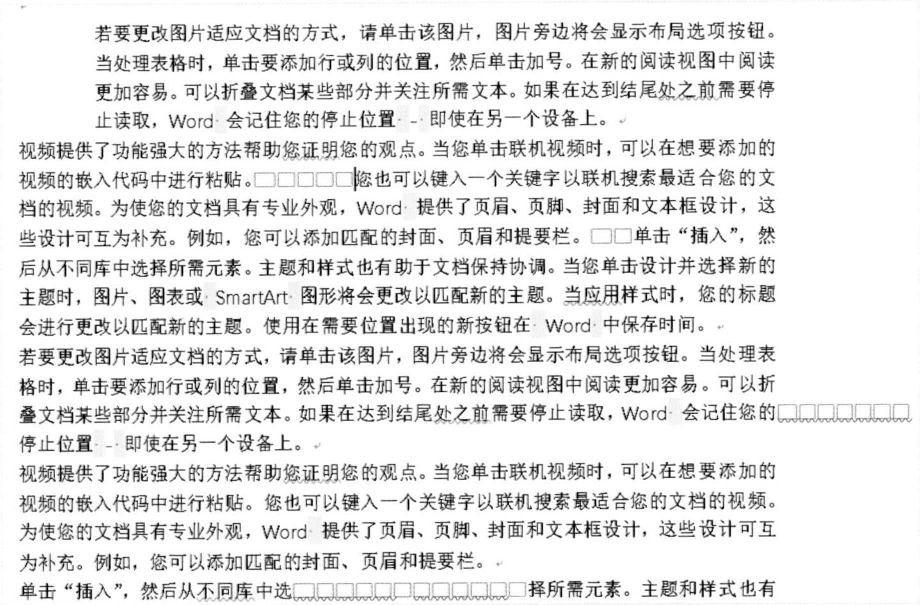

若要更改图片适应文档的方式，请单击该图片，图片旁边将会显示布局选项按钮。
当处理表格时，单击要添加行或列的位置，然后单击加号。在新的阅读视图中阅读
更加容易。可以折叠文档某些部分并关注所需文本。如果在达到结尾处之前需要停
止读取，Word 会记住您的停止位置 - 即使在另一个设备上。
视频提供了功能强大的方法帮助您证明您的观点。当您单击联机视频时，可以在想要添加的
视频的嵌入代码中进行粘贴。□□□□□您也可以键入一个关键字以联机搜索最适合您的文
档的视频。为使您的文档具有专业外观，Word 提供了页眉、页脚、封面和文本框设计，这
些设计可互为补充。例如，您可以添加匹配的封面、页眉和提要栏。□□单击"插入"，然
后从不同库中选择所需元素。主题和样式也有助于文档保持协调。当您单击设计并选择新的
主题时，图片、图表或 SmartArt 图形将会更改以匹配新的主题。当应用样式时，您的标题
会进行更改以匹配新的主题。使用在需要位置出现的新按钮在 Word 中保存时间。
若要更改图片适应文档的方式，请单击该图片，图片旁边将会显示布局选项按钮。当处理表
格时，单击要添加行或列的位置，然后单击加号。在新的阅读视图中阅读更加容易。可以折
叠文档某些部分并关注所需文本。如果在达到结尾处之前需要停止读取，Word 会记住您的□□□□□□□□
停止位置 - 即使在另一个设备上。
视频提供了功能强大的方法帮助您证明您的观点。当您单击联机视频时，可以在想要添加的
视频的嵌入代码中进行粘贴。您也可以键入一个关键字以联机搜索最适合您的文档的视频。
为使您的文档具有专业外观，Word 提供了页眉、页脚、封面和文本框设计，这些设计可互
为补充。例如，您可以添加匹配的封面、页眉和提要栏。
单击"插入"，然后从不同库中选□□□□□□□□□□□□□□择所需元素。主题和样式也有

甚至利用前文提及的查找特殊格式手段，这些空白区域都没有被标记出来，为什么？
这是因为，空白区域=n个半角空格/n个全角空格/n个空行。

刚才的办法适用于n个半角空格的状态，如果要去除全角空格，最简单的办法是：复制全角空格中的某个小方块→【开始】-【替换】→【查找】框内用快捷键Ctrl+V粘贴刚才复制的小方块→【替换】框留空→确认全部替换。

至于空行，则需要在【替换】框内输入换行符完成。由于并不确定换行符是软回车或是硬回车，甚至换行符的数量也不确定，因此只能反复查找替换完成。比如：

在【查找】框内输入^p^p代表两个连续的换行符，【替换】框内输入^p代表将多余的空行变为1个空行。

同理，在【查找】框内输入^l^l代表两个连续的手动换行段落标记，【替换】框内输入^l代表将两个手动换行变为一行。

——因此，如果篇幅不长，的确可以考虑手动删除空行。

字体的一次性替换

PPT内替换字体可以直接利用替换字体功能完成，但是Word内没有设置这个功能。如果需要一次性替换字体，该怎么办？

Word的查找替换功能可以有针对性地将某个格式的字体替换为另一个格式的字体。

假设需要将宋体5号的"字体格式"全部替换为黑体4号加粗"字体格式"。【开始】→【替换】→弹出窗口，【查找内容】填入"字体格式"→【更多】→【格式】→【字体】→弹出字体设置对话框，选择黑体四号加粗→【确定】→回到查找替换窗口，【全部替换】→完成字体的替换。

Step1
查找替换窗格，完成查找和替换
内容的输入，然后单击【更多】

这里要说明的是：字体替换Word能做到，但这是特殊情况之下的特殊操作，一般会在最后文档完成后，需要补救或进行紧急编辑时采用的办法。

最好的方法是什么？

当然是采取样式！

——提前规划字体格式，设置样式。这样，无论后期需要怎样的改动，直接在样式内进行修改就好了。你可以翻阅本书的相关章节，查看如何设置样式并进行修改。

图片位置的统一调整

当文稿中的图片越来越多，文字和图片的相对位置就在排版过程中显得越来越重要。在商务文稿中，图片统一居中/靠左/靠右可谓是最常见的排版方式：统一最重要。

但是，往往到文档完成，才发现图片的格式没有全部统一。如果手动调整，还是那句话：工作量+出错率，只能用四个字形容，事倍功半。

这个时候，我们需要查找替换。

不过，郑重提示：**以下方法只适用于嵌入式图片**，也就是说，只有文档中所有图片都是嵌入式时，以下方法才能达到最佳效果。

以设置所有图片居中为例。

打开文档→Ctrl+H打开查找替换对话框→【查找内容】输入^g/或单击【更多】→【特殊格式】，选择【图形】→【替换为】留空 →【更多】→【格式】→【段落】→居中→搜索选择"全部"→【全部替换】→完成嵌入式图片的统一居中设置。

关于图片的布局格式如何设置为嵌入式，建议翻阅本书的相关章节，你可以在里面看到详细的设置和各种格式的区别。

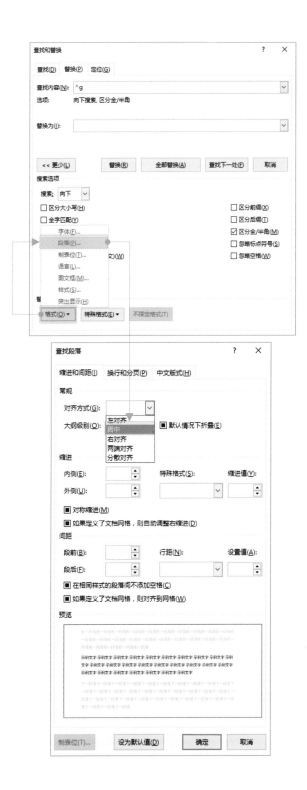

实例 63 让图片被贴入 Word 时自动变为嵌入式

如果认为逐一鉴别图片格式很麻烦，也可以设置Word的图片默认格式为嵌入式：也就是说，设置完成之后，所有插入文档的图片，都会自动变为嵌入式。但是这个方法对已经存在于文档中的图片并不生效。

设置方法为：【文件】→选项→高级→剪切、复制和粘帖→将图片插入/粘帖为→设置为嵌入式。

一次性解决的方法是：为图片单独建立图片样式，在样式中取消段落缩进、绝对居中，然后根据之前的查找替换方法，一次性设置成功。

具体步骤如下。

1. 新建居中样式：【开始】→【样式】右下角箭头→新建样式。

另外，值得注意的一点是：段落的设置会导致图片的不居中，如下图所示。

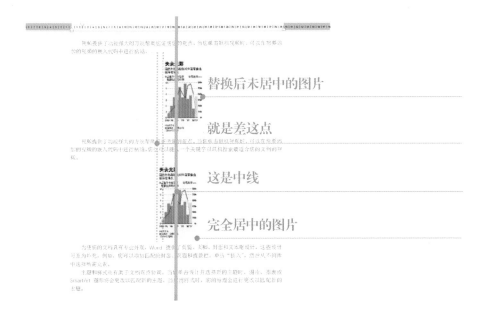

2. 新建居中样式：【开始】→【样式】右下角箭头→新建样式→自定义名称，如为"图片居中样式"→【格式】→【段落】→【缩进和间距】→常规对齐方式→选择居中，缩进特殊格式选择"无"。

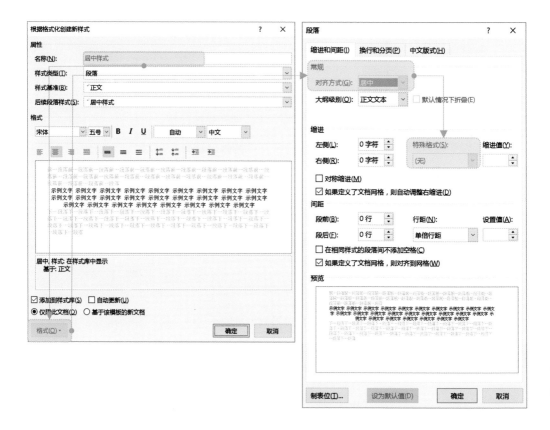

3. 根据前文步骤，打开替换窗口，在替换内容中填入^g→【格式】→【样式】→选择居中样式→【确定】。

即使文字段落全部是首行缩进，图片也能完美居中！

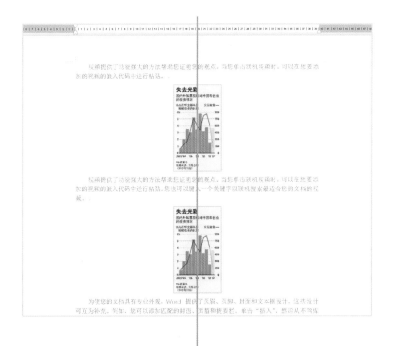

和秋叶一起学Word

学霸之路

CHAPTER 5

长文档编辑技巧

- 学霸终于写完论文！偏偏论文排版时被 Word 打败！怎么破？
- 排版技能的缺失，使论文排版令人头疼，学会论文排版，让更多精力回归论文本身。
- 这一章教你长文档排版流程，做一个高效率的学霸。

5.1　论文（长文档）排版准备篇

论文写作是在校本科生、研究生和所有科研工作者都绕不开的任务。学位论文存在以下特点：章节多、编号多、页码多、图表多、文献多。因此，如果不掌握一些Word特技，不仅会遇到各种排版问题，而且Dirty Work将会非常繁重。那么，高效的排版需要怎样的合理安排呢？一般会出现以下两种情况：

顺序1：先一次性码完字，然后考虑排版；

顺序2：先"打理"好Word，然后边码字边排版。

大部分人写论文时，都是遵循先写后排的次序，这样的直接后果就是导致后期排版工作将指数级增加。笔者推荐第2种顺序，高效的论文排版流程如下（可根据实际调整）：

（1）按照本校毕业论文相关规范，正确进行页面设置，用分节符将论文分为若干部分，这几个部分显著的特点是页码系统不同；

（2）根据规范，修改文档标题、正文等段落样式，备用；

（3）开始撰写论文大纲并开始写作，码字后为标题、正文套用相应样式；

（4）在撰写过程中，插入图片、表格、公式并为之自动编号；

（5）同时注意引用图表公式的编号及参考文献；

（6）论文写作完成后插入页眉及页码，并在正文前生成目录；

（7）对论文排版进一步美化，完成后进行文档输出与打印。

值得注意的是，本章讲述的方法与技巧全部适用于科研报告、项目申报书等各种长文档，只是其他长文档的要求并没有学术论文严格，可在以上操作基础上有所删减。

以上过程的具体操作将在接下来的章节分专题逐个击破，主要包括解决：

不做这些准备就开始，后期排版会让你痛不欲生！

① 如何一劳永逸地搞定论文格式？

② 如何一次性搞定图表编号？

③ 如何从第N页开始设置页码？

④ 如何科学地插入图片、表格、公式？

⑤ 如何给长论文精准地插入参考文献？

5.2　排版页面构造及其设置

Word论文写作排版的第一步，就是布置好整个Word版面，即设置好整个文档的页面参数，具体包括纸张、页边距、版式、文档网格。而这些要求一般需要根据本校或本单位的论文写作规范，如果没有特别说明，按照Word的默认设置即可。

纸张

一般而言，国内大学论文一般使用最常见的A4纸张，大小为210mm×297mm。

如果有特别的需要，可以在Word中依次点开【布局】→【纸张大小】，选择合适的纸张大小（注：Word 2016版本将【页面布局】改为【布局】）。

2.3.1　页面设置

中、英文封面的页面设置已经在 **2.2.1** 和 **2.2.2** 中进行了介绍。

论文除中、英文封面、关于学位论文使用授权的声明三页采用单面印刷，从中文摘要开始（包括中文摘要）后面的部分均采用 **A4** 幅面白色 **70** 克以上 **80** 克以下（彩色插图页除外）纸张双面印刷，页面设置的数据为：

页边距：上—**3.0** 厘米，下—**3.0** 厘米，左—**3.0** 厘米，右—**3.0** 厘米，装订线 **0** 厘米；

页码范围：普通；

页眉距边界：**2.2** 厘米，页脚距边界：**2.2** 厘米。

▲ 选自《清华大学研究生学位论文写作指南》

页边距

页边距的设置相当于是给页面四周留白，让文档显得整洁起来。如果设置得不恰当，周边空白过大会浪费版面。

学校的论文标准里一般都会罗列出推荐的页面设置，现以清华大学研究生学位论文写作指南为例（见右上图）。

首先在【布局】里点开页面设置的扩展菜单可以设置页边距，点开版式按钮可以设置页眉、页脚距边界的距离。

在页面设置中设置相关参数之后，可以参考以下示意图，再次理解Word的页面构造：页边距、页眉、页脚、版心。

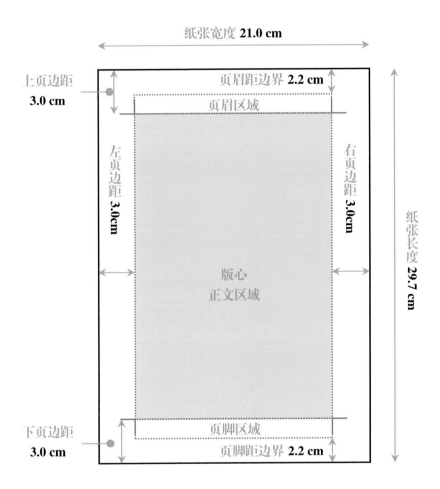

版心：Word文档中输入文字的部分即正文部分。

页边距：包括上、下、左、右页边距，即正文四周的留白空间；Word内置了普通、窄、适中和宽等预设页边距，为省事可以直接选择使用。

页眉和页脚：分别包含在上下页边距内，通常显示文档的附加信息，常用来插入时间、日期、页码、单位名称、徽标等。在某任意一页的该区域插入的内容会在全文中同步显示，尤其关于页码的部分将在后续章节详细讲解。

页眉、页脚距边界：页眉文字上方的空白和页脚文字下方的空白，印刷上也将这款区域称为天头和地脚。

拓展：如果我需要双面打印并设置装订线怎么办？

有些时候我们需要双面打印，并且希望能够在一侧留出空间装订，由于双面打印，所以留出的空间每一面其实是不一样的，比如默认在左侧装订，那么奇数页在左侧留出较多空间，而偶数页则是在右侧留出较多空间。

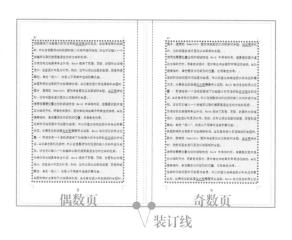

偶数页　　　装订线　　　奇数页

想达到这样的效果，其实在【页面设置】界面就可以轻松办到：

（1）选择对称页边距，设置后，左右页边距变成内侧外侧页边距；

（2）把装订线设置为1 cm，内外页边距分别设为2.5 cm。

直接翻手上这本书，感受下偶数页和奇数页

内侧外侧
及装订线

选择对称
页边距

5.3　论文结构及整体规划

论文的一般结构与要求

学位论文一般应包含如下部分，实际情况视学校要求而定：

前置部分	主体部分	后置部分
1. 中英文封面 2. 独创性和授权说明 3. 中英文摘要 4. 目录	5. 正文/第 X 章 ...... 6. 参考文献 7. 致谢	8. 附录 9. 个人简历 10. 在学期间发表 的学术成果

以上3部分为例讲解论文排版中的注意点，其中"中英文封面、独创性和授权说明"部分一般由学校提供，直接原样粘贴进去即可。

页眉一般要求：

① "中英文封面""独创性和授权说明"部分不制作页眉；

② 其他部分为各章标题篇眉的内容与该部分的章标题相同，如摘要部分的篇眉是"摘要"，Abstract 部分的篇眉是" Abstract"，目录部分的篇眉是"目录"，各章的篇眉是该章的标题"第X章　XXXXXXXX"等。

页脚一般要求：

① "中英文封面、独创性和授权说明"部分不需要编页码；

② 从"中英文摘要"开始至"目录"结束，页码用罗马数字"Ⅰ、Ⅱ、Ⅲ……"表示；

③ 从"第 1 章"开始至论文结束，页码用阿拉伯数字"1、2、3……"表示；

④ 页码置于页面下部居中，页码数字两侧不要加"－"等修饰线。

节和分节符

在同一个文档中，不同章节页眉、页脚不同，要达到这样的效果离不开Word内"节"的功劳。"节"是版式的容器，所谓版式，常包括文字、图表、图片、页眉、页脚、页面纸型及方向等，不同节的版式可以不同。

"节"是文档格式化的最大单位（或指一种排版格式的范围），在Word内实现"节"功能的就是分节符，它是一"节"的结束符号。默认方式下，Word将整个文档视为一"节"，故对文档的页面设置是应用于整篇文档的。

通俗地讲，需要对同一个文档中的不同部分采用不同的版面设置，如在论文排版中需要设置不同的页面方向、页边距、页眉和页脚等。类似这样在一页之内或多页之间采用不同的版面布局，只需插入"分节符"将文档分成几"节"，然后根据需要设置每"节"的格式即可。

1. 按下显示编辑标记（否则看不到分节符）

2. 单击【布局】→分隔符，插入分节符（下一页）

3. 分节符：======分节符(下一页）======

> Word 共有 4 种类型的分节符，了解它们各自的功能就能随心所欲地使用啦~

分节符：下一页

插入分节符使新的一节从下一页开始，如果在文字中间插入分节符（下一页），含原始文字的下一页前会出现一个空行，需要注意将空行删除。这是使用频率比较高的分节符类型，建议在撰写文档的过程中插入分节符（下一页）后再输入下一节的文字。

分节符：连续

使当前节与下一节共存于同一页面中。可以在同一页面的不同部分共存的不同节格式，包括：列数、左、右页边距和行号。如果您正在使用分栏，通过使用连续型分节符，可以更改栏数，而不需要开始新页面。

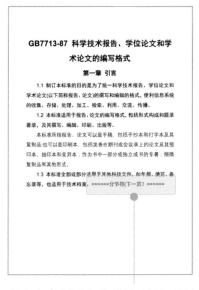 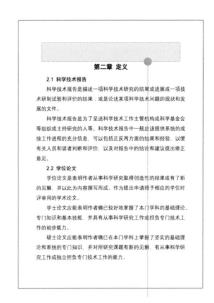

在文字中间插入分节符（下一页）　　第二节页首出现一段空行，请手动删除

注意： 手动删除空行可能会导致标题样式发生改变，需要重新设置该标题的样式，故建议在撰写文档的过程中边插入分节符（下一页）后再录入下一节的文字。

原版：通篇一栏　　　　　　　　小论文版：摘要一栏，正文两栏

注意： 选中正文内容后选择分栏，正文前后会自动插入两枚分节符（连续）。

分节符：偶数页

使新的一节从下一个偶数页开始。如果下一页是奇数页，那么此页将保持空白（页码会累计，但不显示）。

分节符：奇数页

使新的一节从下一个奇数页开始。如果下一页是偶数页，那么此页将保持空白，比如，有些排版要求使每章第一页从奇数页开始。

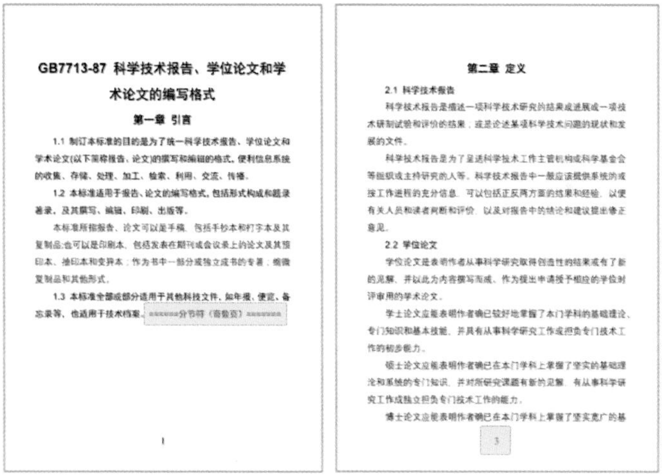

◀ 左例中，第二章原本位于第 2 页，插入分节符（奇数页）后，自动变为第 3 页

◀ 页面视图下，不显示空白页，页码直接变为3

打印预览视图下可以看到第 2 页为空白页▼

空白页无页码显示，但后续页码会累计

注意：如果下一页就是奇数页，那么一切正常，无特殊变化。分节符（偶数页）效果相同。

分页符

在1.8节讲解过使用分页符进行科学分页，在学习分节符之后，因为分节符（下一页）和分页符都能实现分页的功能，读者很容易将两者混用。两者该如何选取，谨记两个原则：

分节符： 需要设置不同页眉、页脚、纸张方向等页面格式时，则插入相应的分节符；

分页符： 只需要快速另起一页录入文字，按组合键**Ctrl+Enter（回车键）**插入分页符即可。

论文整体规划

在正式撰写论文之前要事先录入各个部分的标题（撰写论文大纲），插入分节符、分页符，将整篇文档的结构布局安排好，需要设置不同页眉、页脚的部分要插入分节符，需要另起一页的部分要插入分页符。下图将文档简化为8部分，如果需要各章节从奇数页开始，在相应位置插入分节符（奇数页）即可。

▲ 摘要前无需插入页眉和页码

▲ 摘要、目录罗马数字编页码

▲ 后续内容未列出

注意： 分节符是"节"结束的标记，只控制它前面文字的格式。

5.4 段落样式与多级列表

第2章已经全面讲解了样式功能，样式是Word排版工程的灵魂，有了样式，在编排重复格式时，可以反复套用这种样式，减少重复化的操作。

在论文排版中，推荐事先设置好各级标题样式和正文样式，随着排版内容的增加再不断增加样式，提高效率。

本节将以论文排版为例，讲解正文样式和标题样式使用过程中的注意要点，以更好地服务于长文档排版。

正文样式

论文的主体内容都需要应用正文样式。其实Word默认内置了正文样式，特点是没有设置首行缩进2字符，但是不推荐修改默认设置，如果擅自修改，会造成一些混乱。

一方面，学校专属的论文封面、独创性及授权说明都是默认使用该样式，并重新设定了格式，此时，如果把内置的正文样式修改，就会造成已有文字的格式混乱。

另一方面，各级标题样式是基于正文样式建立的，如果增加的首行缩进2字符会导致标题均缩进2字符，事实上，各级标题都应该顶格写的。

因此，关于正文的排版，首先需要一个全新的正文样式，最简单的是新建一正文样式（按照第2章的方式选择内置的【正文缩进】样式并修改）。

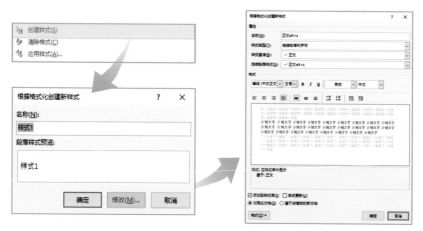

▲ 根据第2章的方法，按论文要求，新建正文样式，特意命名为"正文alt+z"

在正文排版过程中，还有几点值得注意，在这里一并列出，并给出解决方案。

注意1：后续段落样式选择本文需要利用的正文样式（正文alt+z）

当每个段落书写完毕，按下回车键换行，Word会自动应用当前正文样式（正文alt+z），这样无需频繁去套用新建的正文样式，节省时间，方便录入文字。

注意2：英文字体务必改为Times New Roman（TNR）

在新版Word中，内置默认的英文字体已经改为Calibri（注：Word 2016改为等线字体），该字体在屏幕上显示效果不错，但在正式学术报告、论文中，英文字体仍旧需要选择TNR字体，所以在正文样式的字体设置中，务必将英文字体改为TNR（中文字体一般选择宋体）。

▲ 默认字体不对，在样式修改对话框左下角【格式】→【字体】进行设置

注意3：文本为两端对齐，拒绝右侧边缘参差不齐

在Word样式内，默认的段落对齐方式都是"两端对齐"，这样的对齐方式有个好处就是，能使汉字、英文和数字混排的情况下，保证段落右侧边缘在一条线上，如果发现右侧边缘参差不齐，就要考虑更换段落对齐方式了。

◀ 左对齐，导致右侧参差不齐

◀ 两端对齐（推荐）使右侧边缘整齐

▲ 在样式修改对话框左下角【格式】→【段落】进行设置

注意4：行距设为固定值，会导致图片、公式显示不全

有些论文要求，段落的行距设定为固定值25磅，这样的设置会带来图片、公式显示不全的问题，只需将行距改为单倍行距即可。

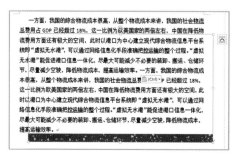

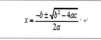

行距设定为固定值，
导致图片、公式显示不全

将行距改为单倍行距，
图片、公式即可显示完全

注意5：中英文混排导致文字间距过大的情况

在Word中进行中英文混排时，文字易发生间距很大的情况，非常不美观，其实只需在"段落"设置框中，选择"中文版式"，勾选"允许西文在单词中间换行"即可。

文字间距很大，影响美观

已勾选"允许西文在单词中
间换行"

标题样式

在学位论文中，标题层次比较多，规范使用标题样式能够方便管理文档内容。默认情况下，Word内置标题1~9样式，分别对应1~9级大纲。一般章标题为一级标题，其次是二级标题、三级标题等。论文标题样式按照2.2节的方法在内置标题样式的基础上修改。

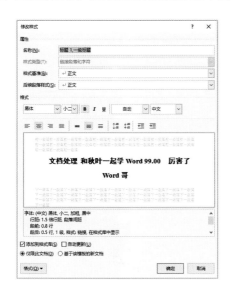

◀ 根据论文要求修改建立论文专属的
标题样式，并设定好快捷键

论文撰写过程中，使用标题样式的过程中也有一些值得注意的地方。

注意1：各级标题的后续段落样式选择为新建的正文样式（正文alt+z）

由于文档含有多级标题，不确定某级标题后是否是正文样式，但大部分时候是使用正文样式的，所以这里建议将一级标题、二级标题、三级标题等标题样式的后续段落样式选择为本文的正文样式（正文alt+z）。

▲ 后续段落样式→正文alt+z　　　　　▲ 指定一级标题快捷键Alt+1

注意2：提高效率，为各级标题样式指定快捷键

标题样式需要频繁用到，每次用鼠标指向样式列表势必烦琐，所以为标题样式指定好记的快捷键后（方法参见2.2节的内容），快速为标题设定样式，定好大纲级别。

注意3：打开文档结构图实时了解章节信息

文档结构图位于导航窗格，可在【视图】→【显示】中勾选"导航窗格"打开，方便展示文档结构，实时了解章节信息。也可以发现应用标题样式的空行，应该及时删除。

▲ 在视图中勾选导航窗格（低版本叫文档结构图），可显示文档结构图

▲ 在文档结构图发现空行，意味着这段空行误用了标题样式

注意4：标题太长要转行，不是简单按回车就行了

在编排论文的过程中，对于标题太长的情况，Word会自动换行，会无意割裂标题内容的语气及词汇结构，如果直接在恰当的地方按下回车键则会导致，一个标题两行同时出现在文档结构图里，也会出现在目录。此时，可以转行处按快捷键Shift+Enter插入一个手动换行符（参见1.7节硬回车、软回车的区别）。

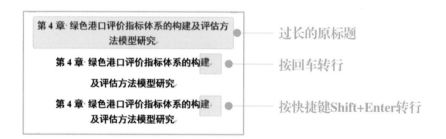

过长的原标题

按回车转行

按快捷键Shift+Enter转行

注意5：内置样式可有效避免背题情况

背题的意思是必须避免标题排在某页的末尾，否则标题在前一页底，正文在下一页首，阅读起来会造成困扰。应用内置标题样式后，会发现标题左侧出现小黑点，打开段落设置对话框，会发现默认勾选了"与下段同页"和"段中不分页"，可有效防止背题。

多级标题与多级列表

学位论文中常常包含多级标题，不同级别的标题都有编号，如一级标题前的编号为"第1章""第2章"等，二级标题前编号形如"2.2""3.3"等。

如果手工录入这些标题编号，那么中途增加一个章节，不能"随机应变"，快速更改，真是心好累啊……

为了可以一劳永逸地让Word自己控制好标题的编号，只要改动一处，就能牵一发而动全身，全部更新。在Word中实现多级标题自动编号的功能叫【多级列表】，它与Word默认的自动编号不同的是它可以实现标题编号的多层嵌套，它常常与【样式】功能配合使用。如果准备好多级列表使章节标题自动化，后期排版才不会让使你痛不欲生！

不信，你看！此处假设将第2章内容与第4章内容交换位置，手动录入编号的后果就是章节编号集体失效，而使用多级列表功能就能实现标题编号自动更新。

▲ 第1章 绪论 　1.1研究背景及意义 　1.2文献综述 　1.3研究主要内容 　1.4技术路线 ▲ 第2章 低碳港口相关理论分析 　2.1低碳经济相关理论研究 　2.2低碳港口相关理论研究 　2.3低碳港口相关评定指标 　2.4本章小结 ▲ 第3章 低碳港口建设方案优化 　3.1问题描述 　3.2优化指标分析 　3.3优化模型构建 　3.4模型优化与实现 ▲ 第4章 低碳港口规划效用评价体系建立 　4.1低碳港口规划效用评价指标选取 　4.2低碳港口规划效用评价指标分析与... 　4.3评价方法的比较与选择 　4.4AHP-横模糊分析集成模型构建流程	▲ 第1章 绪论 　1.1研究背景及意义 　1.2文献综述 　1.3研究主要内容 　1.4技术路线 ▲ 第4章 低碳港口规划效用评价体系建立 　4.1低碳港口规划效用评价指标选取 　4.2低碳港口规划效用评价指标分析与... 　4.3评价方法的比较与选择 　4.4AHP-模糊分析集成模型构建流程 ▲ 第3章 低碳港口建设方案优化 　3.1问题描述 　3.2优化指标分析 　3.3优化模型构建 　3.4模型优化与实现 ▲ 第2章 低碳港口相关理论分析 　2.1低碳经济相关理论研究 　2.2低碳港口相关理论研究 　2.3低碳港口相关评定指标 　2.4本章小结	▲ 第1章 绪论 　1.1 研究背景及意义 　1.2 文献综述 　1.3 研究主要内容 　1.4 技术路线 ▲ 第2章 低碳港口规划效用评价体系建立 　2.1 低碳港口规划效用指标选取 　2.2 低碳港口规划效用评价指标分析与... 　2.3 评价方法的比较与选择 　2.4 AHP-模糊分析集成模型构建流程 ▲ 第3章 低碳港口建设方案优化 　3.1 问题描述 　3.2 优化指标分析 　3.3 优化模型构建 　3.4 模型优化与实现 ▲ 第4章 低碳港口相关理论分析 　4.1 低碳经济相关理论研究 　4.2 低碳港口相关理论研究 　4.3 低碳港口相关评定指标 　4.4 本章小结
▲ 标题编号全部手动录入	▲ 章节替换后编号将集体失效	▲ 章节替换后能自动更新

实例 64　将多级列表链接到标题样式

在【开始】选项卡的【段落】功能组里可以找到【多级列表】菜单，在设定好标题样式后，使用多级列表功能实现自动编标题序号，具体步骤如下。

步骤一：按论文要求设定好各级标题样式

根据论文标题要求，按照2.2节的方法设定好标题样式，此处共设定三级标题。

步骤二：定义新的多级列表

依次单击【开始】→【段落】→【多级列表】→【定义新的多级列表】，弹出定义新多级列表对话框，单击左下角的【更多】显示完整设置界面。

▲ 单击多级列表，选择定义新的多级列表

步骤三：详细设置多级列表

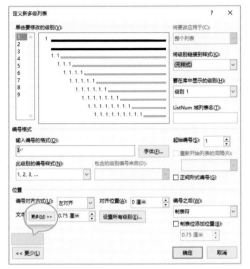

▲ 显示更多后的对话框　　　　　▲ 链接到"一级标题"的设置方式

设置1：将一级标题的编号格式改为"第1章"

原始状态下 1 有灰色底纹，在 1 左边输入"第"，右侧输入"章"即可，注意此处篇章号不设置为大写的"一"，否则会导致后续一系列问题。

设置2：将级别链接到样式选择为"标题1"

由于一级标题是在内置的"标题一"样式里修改设置，所以此次选择"标题1"。

设置3、4：将文本缩进值改为0，编号之后设为空格

此处根据实际情况设置，推荐标题顶格排布，此处按下【设置所有级别按钮】，将缩进全部改为0，编号和标题之间将默认的制表符改为空格。

类似地操作，分别单击要修改的级别2、3等，继续进行"二级标题""三级标题"的链接方式设置。

▲ 链接到"二级标题"的设置方式

▲ 链接到"三级标题"的设置方式

以链接到"二级标题"的设置为例，讲解与"一级标题"设置时有所区别的注意点。

注意1：进行"二级标题"设置时，将级别链接到样式选择为"标题2"

将光标移至级别2，进行"二级标题"的链接方式设置，将级别链接到样式选择为"标题2"。

注意2：起始编号选为"1"，勾选"重新开始列表的间隔"，并选择"级别1"

该部分保持Word默认设置即可，此处强调是为了解释其原理：二级标题的编号会从数字1开始编号，即第1章后的二级标题从数字1开始，形如"1.1""1.2"，第2章后面的二级标题从1开始，形如"2.1""2.2"。

链接到"三级标题"的设置方法类似，不再赘述，根据实际情况设定链接到某级标题，一次性将各级样式链接完毕，最后【确定】。

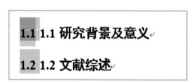

▲ 样式表中的标题样式显示发生变化，带上自动编号。文中应用标题样式的标题前自动产生编号（注：原文已经手打了相同的编号）

快速重组文档，标题编号自动更新

在Word 2013及以上版本中，可以直接在导航窗格中拖动文本，鼠标按住第3章内容并拖动到第2章前面，相应章节的内容即可交换位置，由于设置了多级列表，文档中的章节编号能够自动更新。

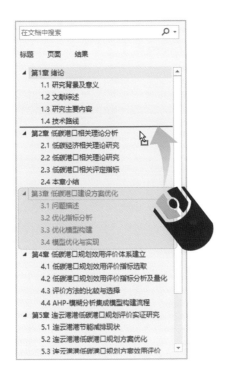
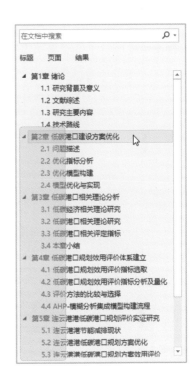

结合样式和多级列表功能，针对长文档的自动化操作，推荐以下操作。

1. 新建【我的正文】样式，保护原有内容不随样式更改而变形；
2. 修改【标题1、2、3】等样式，便于内部引用生成目录与编号；
3. 将多级编号链接到各级样式，让文档标题编号自动化；
4. 撰写论文大纲，如定出章节标题，一次性应用各级样式；
5. 安心撰写长文档正文，不再忍受频繁修改格式及编号的烦恼。

推荐操作

拓展：把一级标题编号"第1章"改为大写的"第一章"

在前文中演示的一级标题里的数字采用阿拉伯数字，形如"第1章""第2章"等，如果论文要求里强制使用大写的数字，形如"第一章""第二章"，但根据Word自动多级编号的机理会与该章节后的二级标题、图表题注发生冲突，如题注"图1-1"会变为"图一-1"，原来的1.1会变成"一.1"。

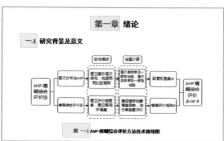

▲ 牵一发而动全身，后续章编号全部变为大写

以上问题的本质就是第一章和1.1、图1-1如何共存的问题。

Word中给出了一种解决方案，叫【正规形式编号】，勾选之后，一律使用阿拉伯数字编号。在上述多级列表设置对话框中，将1级标题编号样式更改为简体数字"一、二、三"后，对应的后续标题编号变为一.1，一.1.1等，从2级标题开始均勾选【正规形式编号】，后续标题编号更新为1.1，1.1.1等，3级、4级标题均勾选即可。

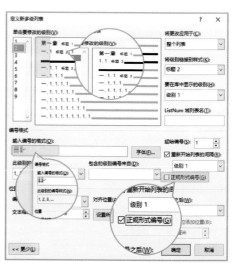

▲ 编号样式选择简体数字"一、二、三"　　▲ 勾选正规形式编号后转换为阿拉伯数字

【正规形式编号】固然好用，但对图表编号（题注）仍有缺陷，即插入图表题注后，自动编号依旧为图一.1、图二.1等。对此的解决方案是，在插入题注后再重新勾选【正规形式编号】，且不再按F9更新题注，即可使第一章和1.1、图1-1共存。

考虑到长文档中图表编号的数量往往比一级标题的编号数量多，采用勾选【正规形式编号】可能会导致题注大量发生异常的问题。故笔者再推荐另一种折衷的办法来实现该效果，即隐藏一级标题的自动编号。

步骤一：将自动编号"第1章"文字隐藏

选中自动生成的标题编号"第1章"，打开字体设置对话框，勾选隐藏。

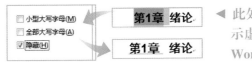

◀ 此处设计为在隐藏文字下方显示虚线，打印将不可见。可在Word选项里设置不显示。

步骤二：重新输入"第章"及域"AutoNum"

在一级标题前（截图处为绪论两个左侧），输入"第章"两个字和一个空格，然后在两个字之间，单击【插入】选项卡→【文档部件】→【域】，在域对话框内域名选择"AutoNum"，格式选择"一，二，三（简）..."。

步骤三：在插入第二章标题时，将新插入的"第一章"复制贴入

在第二章标题前，复制贴入"第一章"，标题自动更新为"第二章"，以此类推。

当然，勾选【正规形式编号】法和隐藏一级标题的自动编号法在使用的过程中各有局限性，前者无法更新图表题注，一旦更新题注编号格式仍会带有汉字数字（往往打印文档时会自动更新题注）；后者即使隐藏了默认的标题编号，但在别人的电脑显示时，可能会由于设置问题，依旧能在屏幕上看到隐藏字符，可能会给文档阅读者造成不必要的误会。

所以在实际使用中，不建议将"第1章"改为"第一章"，如果到了万不得已的地步应该要权衡利弊综合选择使用合适的方式解决第一章和1.1、图1-1如何共存的问题。

5.5　复杂情况下的页眉与页脚（页码）

页眉和页脚（页码）在论文排版中，是困扰大部分人的一个问题。当你能够为一篇学位论文恰当地设置页眉文字和页脚页码后，你就可以说是完全掌握了页眉页脚的原理。以后遇到任何页眉页脚问题，都将不是问题。

页眉与 StyleRef 域

页眉的一般要求

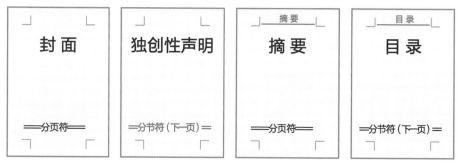

▲ 摘要前不制作页眉　　　　　　　　　▲ 摘要后各章页眉的内容与章标题相同

页眉标题分析

1. 不同章节有的需要页眉，有的不需要页眉，需要使用分节符将其分开。

2. 由于页眉比较特殊，输入一次，全文共享，还需要取消"链接到前一条页眉"，断开各节页眉直接的联系。

3. 如果要在不同章节页眉处添加当前章节的实时标题，需要用到StyleRef域。

实例 65　**不同部分不同页眉的设置方法**

步骤一：插入分节符（下一页），将需要页眉和不需要页眉的地方隔开

在5.3节已经详细插入分节符的方法，并图示了在独创性声明和摘要之间插入一个分节符（下一页），因为摘要之前均不需要页眉。

步骤二：取消"链接到前一条页眉"

在摘要页眉处双击鼠标或右击鼠标出现"编辑页眉"，进入页眉页脚视图，在【导航】组里，将"链接到前一条页眉"取消（变灰即为取消）。

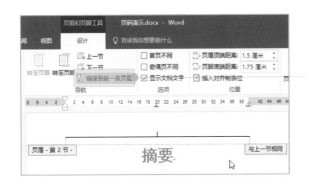

取消"链接到前一条页眉"后，不同节的页眉将不再有联系，删除或修改页眉内容将互不影响

步骤三：在摘要页眉处插入 StyleRef 域

单击【插入】选项卡→【文档部件】→【域】，在域对话框内域名选择"StyleRef"，域属性选择"标题一"，确定即可。

由于一级标题的编号是由多级列表控制的，如果想要自动引用【一级标题编号+一级标题内容】的形式，在插入域的时候，插入两个StyelRef，第一次插入时把"插入段落编号"勾上，第二次则不要勾，就OK了。

◄ 域属性选择标题1，则页眉内显示章标题的内容

关于页眉的拓展问题

拓展一：快速去掉页眉的黑线

学位论文有页眉的地方就会有黑线，这条黑线的本质究竟是什么？又该怎么去掉这条黑线？

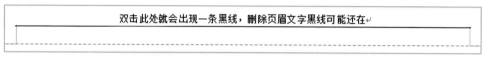

▲ 这条黑线其实是段落的下框线（页眉文字默认样式包含了这条黑线）

光标置于页眉处，依次单击【开始】选项卡→【段落】组→【边框】，打开边框和底纹设置对话框，将边框设置为无，并应用于段落即可去掉黑线。

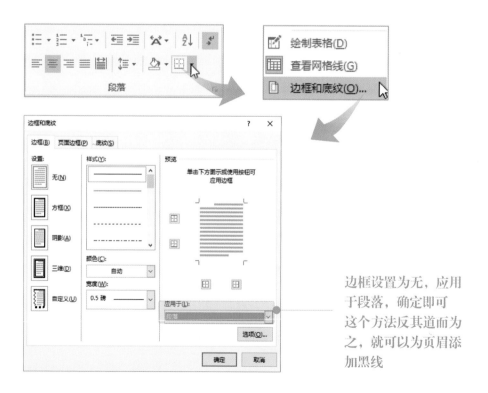

边框设置为无，应用于段落，确定即可
这个方法反其道而为之，就可以为页眉添加黑线

页眉黑线成功去除

除此以外，还有两个更简单的方法，可以快速去除页眉黑线。

▲ 在页眉黑线处按下清除格式按钮即可　　　　　▲ 快速应用正文样式即可

这两个方法的原理都是清除边框这个格式，前者清除全部附加的格式，后者正文样式中不包含下框线这项格式，故能够完美清除黑线。

拓展二：快速去掉页眉顶部的黑线

有的时候由于某种说不清楚的误操作，文档页眉顶端和页脚底端同时出现一条黑线，这样的情况，其实也只要去掉边框线就可以了，但操作方法略有不同。

▲ 上下两条通长的黑线

依次单击【布局】→【版式】→【边框】▶

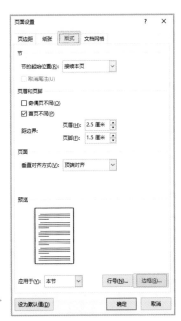

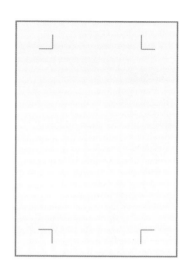

▲ 在【边框和底纹】中，将上下两条边框线
　去掉（单击一下，预览图中无框线）

▲ 上下两条黑线消失，
　文档版面恢复正常

拓展三：页眉奇偶页不同

部分本科毕业论文要求正文起奇偶页的页眉不同，奇数页页眉的填写内容为"某某大学本科毕业设计"（论文），偶数页页眉的填写内容为"作者姓名：中文题目"。

步骤一：插入分节符（下一页），将需要页眉和不需要页眉的地方隔开

此处是在目录和正文之间插入一个分节符，因为正文之前均不需要页眉。

步骤二：勾选"奇偶页"不同，取消"链接到前一条页眉"两次

双击正文页眉（假设正文第一页为奇数页），进入页眉页脚视图，在【选项】组里，勾选"奇偶页不同"，在【导航】组里，将"链接到前一条页眉"取消（变灰即为取消）。

由于设置了奇偶页不同，还需要到偶数页页眉处，将"链接到前一条页眉"再取消一次。

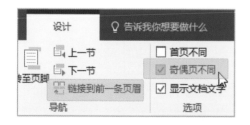

◀ 勾选"奇偶页不同"后分别在奇数
　页和偶数页页眉处，将"链接到前
　一条页眉"取消

步骤三：在奇偶页分别插入页眉

在某个奇数页页眉填写：某某大学本科毕业设计（论文），在某个偶数页页眉填写：作者姓名：中文题目。

▲ 奇偶页页眉不同效果图示

页脚与多重页码系统

页码的一般要求

▲ 摘要前不需要页码　　　　▲ 摘要、目录使用罗马数字编号

▲ 正文之后使用阿拉伯数字连续编号

页码设置分析

1. 在不需要页码和需要页码的内容之间用分节符分开，在罗马数字页码和阿拉伯数字页码之间也用分节符分开。

2. 页脚和页眉一样比较特殊，输入一次，全文共享，同样需要取消"链接到前一条页眉"（英文为Link to Previous，中文翻译不准确，在页脚同样起作用），使各节页码格式不同。

3. 在页码插入页码后，在页码格式对话框，可以更改编号格式，如Ⅰ Ⅱ Ⅲ、123、一二三等，也可以更改编号方式，如是否连续编页码。

实例 66　多重页码系统设置方法

步骤一：插入分节符（下一页），将需要页码和不需要页码的地方隔开

从页码的角度讲，文档暂时分为三个部分，摘要之前不需要页码，摘要、目录设置罗马数字页码，正文及以后设置阿拉伯数字页码，按照"页码的一般要求"蓝色图示的部分设置分节符。

步骤二：取消"链接到前一条页眉"

在摘要页脚处双击鼠标或右击鼠标出现"编辑页脚"，进入页眉页脚视图，在【导航】组里，将"链接到前一条页眉"取消（变灰即为取消），同理在正文的页脚处，同样将"链接到前一条页眉"取消。

步骤三：在摘要、目录页插入页码

在摘要页脚处，进入页眉页脚视图，依次单击【页码】→【当前位置】→【普通数字】，插入一枚页码，使其居中对齐（快捷键 Ctrl + E），并按实际要求更改字体及字号。

▲ 在摘要的页脚处插入页码，由于摘要前实际还有若干页，故显示页码为阿拉伯数字 3（此例前文还有两页）

很多人会单击【页码】→【页面底端】插入一枚页码，里面也有居中对齐好的页码，但细心一点会注意到，一旦插入页码，会自动空出一行，记得手动删除空行。

步骤四：修改页码（页码改为罗马数字，并从1开始编号）

目前插入的页码 3 ，完全不符合要求，还需要进行页码格式设置，进行编号格式与编号的修改，将编号格式改为罗马数字，页码编号改为"起始页码为1"。

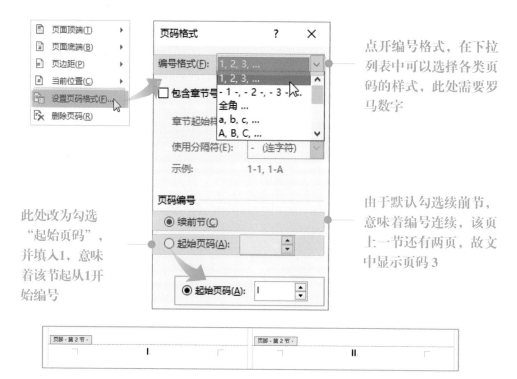

点开编号格式，在下拉列表中可以选择各类页码的样式，此处需要罗马数字

此处改为勾选"起始页码"，并填入1，意味着该节起从1开始编号

由于默认勾选续前节，意味着编号连续，该页上一节还有两页，故文中显示页码3

▲ 设置后：摘要、目录页码改为罗马数字，并从1开始编号

步骤五：给正文插入页码

按照步骤三的方法在正文处插入页码，并修改格式使其从 1 开始编号。

其他说明：

1. 如果实际使用中，在正文插入了多个分节符，页码需要连续编号，则选择页码编号为续前节；

2. 如果设置了奇偶页不同，需要在奇数页和偶数页分别"取消链接到前一条页眉"并设置两次页码。

5.6　论文目录与图表编号自动化

虽然目录位于文档靠前的位置，但事实上目录一般是论文完成后再一次性生成的。所以从操作层面讲，可以在正文前的目录位置留空，最后填上目录。一般学位论文，目录保留三级标题，字体、字号及段落间距参考本校规范。

目录是自动生成的，文档中的图片、表格编号也不例外，对于理工科论文而言图表较多，学会编号的自动化与维护是个节省工作量的利器，可能部分规范要求插入图片及表格目录，自动化编号也能帮上大忙。

论文目录及常见问题

自动生成目录

按照第4章的方法，单击【引用】→【目录】→【自定义目录】自动生成目录如下。

采用自定义目录需要手动输入目录（一般事先输入为目录部分占位）

一级标题（顶格录入）

二级标题（缩进2字符）

三级标题（缩进4字符）

希望做更大程度的修改，则需要单击【目录】对话框→【修改】

◀目录格式示例

论文目录常见问题

问题一：标题和数字之间的点间距太大

原因很简单，点使用了全角字符，即一个点占用了2个字符的位置，按实际情况来看，目录里的英文字符也是用了中文字体（如宋体），只有将英文字体设置为Times New Roman 即可恢复正常。

1.2 潮汐研究的意义 2
1.3 潮汐理论的发展 2

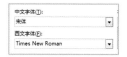

◀ 西文字体使用了中文字体，导致点（前导符）间距过大

1.2 潮汐研究的意义 2
1.3 潮汐理论的发展 2

◀ 西文字体改为Times New Roman，点间距恢复正常

问题二："目录"二字被列入目录

有时"目录"二字，使用了样式或设置了大纲级别，自动生成的目录就会包含"目录"二字，所以反其道而行之，将"目录"的大纲级别改为正文文本。

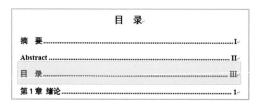

▲ 将"目录"的大纲级别改为正文文本后，在目录中右击鼠标单击"更新域"，
   "目录"二字会消失

问题三：一级标题加粗，但点和页码不要加粗

目录的文字+点（前导符）+页码是一个整体，无法自动实现文字加粗，其他不加粗。所以如果论文目录有这个要求，需要手动设置。值得注意的是，每次更新域会使格式恢复原状，所以建议待文档目录最终确定的时候再手动设置格式。

论文图表编号自动化

在只有一两幅图的时候，完全可以直接在图片下方、表格上方手动输入题注（标签+编号+内容），但对于学位论文等长文档而言，常常多图、多表且其题注带章节号，手动录入是不合理的。

第3章已经学习过题注的功能，选中图表，在【引用】选项卡→【题注】组→【插入题注】即可为其插入题注，编号即可自动累计，默认为图 1、图 2等流水编号形式。对于论文图表编号自动化，本节重点讲解带有章节号的题注设置。

实例67　制作带章节号的题注的两种方式

下面将以论文中常见的带章节号的题注为例讲解题注制作的两种方案。

带章节号的题注指的是，在第1章里的图表题注均为图1-1，图1-2，……，图1-N等形式，第2章变为图2-1，图2-2，……，图2-N等形式。

方案一：手动修改题注标签法

如果没有设置多级列表（即标题采用自动编号的样式），而是采用手动输入章节号的情况，就不能直接使用题注的带章节号功能编号了。我们可以采取一个"投机取巧"的办法，直接修改题注的标签，对于图片我们新建标签"图 1-""图 2-"……，对于表格，新建标签"表 1-""表 2-"等，并手动在不同的章节选择使用对应的标签。

▲ 值得注意的是插入"图 1-"标签后，系统会自动添加一个半角空格，所以实际使用中需要手动将"图 1-"和"1"之间的空格删除

方案二：勾选包含章节号法

在5.4节中已经学习过多级列表，在使用了采用自动编号的标题样式后，可以在题注设置对话框内，直接使用【编号】，并勾选【带章节号】（注：如果未设置多级列表会报错）。

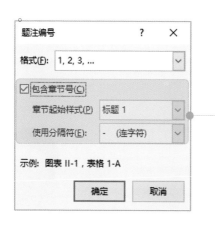

按照左图的设置，其实样式为标题1，分隔符为-，那么图表会从第1章图表编号，即为1-1，1-2，1-3，……，第2章为2-1，2-2，2-3……

图表插入题注后，论文中还需要对图表编号进行引用，这就要用到"交叉引用"功能，它也能实现编号引用的自动更新，交叉引用已经在2.4节介绍过，此处不再赘述。

关于题注的问题探究

在使用题注功能实现图表自动化编号的过程中，会遇到一些问题，笔者将整理如下，以供参考，再遇到问题时能够迎刃而解。

问题一：增删图片、改变图片顺序后，题注编号该如何更新？

在撰写文档的过程中，有了新的想法和编排，可能会在中途增加图表或删除图表，也有可能会改变图表的顺序，如果为图表设置了题注，编号更新将不是问题。对于中途增加图表，插入题注后，后续编号会自动更新；对于删除图表或更改图片顺序的情况，需要选中所有图表（按快捷键 Ctrl+A 可快速全选），按快捷键F9，即可自动更新。

▲ 删除第二幅图及题注　　▲ 后续图片编号不再正确　　▲ 选中后按F9更新编号

问题二：图表编号变为"图 错误!文档中没有指定样式的文字。-1"怎么办？

插入题注编号时，出现这个问题"错误!文档中没有指定样式的文字"，是因为题注中的域无法识别你采用的章节编号，所以需要采用前文讲述的"方案二：勾选包含章节号法"。删除出问题的题注，在设置好标题多级编号后，重新插入题注即可。

5.7 科技论文表格的制作与编排

在科技论文中，编辑部常常推荐使用三线表作为论文表格的基本样式。

三线表能使所表述内容的逻辑性和准确性加强，作为文字叙述的一个翅膀，已成为现代科技期刊中不可缺少的表述手段。设计规范合理的三线表不仅可使某些内容的表述简洁、清晰、准确，提高文章的说服力，还可紧缩篇幅、节约版面，具有活跃和美化版面的功能。

三线表简介

三线表通常只有3条线，即顶线、底线和栏目线（见下图，注意：没有竖线）。其中顶线和底线为粗线，栏目线为细线。

当然，三线表并不一定只有3条线，必要时可加辅助线，但无论加多少条辅助线，仍称作三线表。三线表的完整组成要素包括：表序、表题、项目栏、表体、表注。

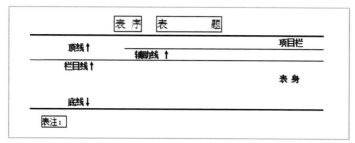

▲ 三线表图示（图示项目栏中含一条辅助线）

不管哪种三线表，它在Word中的本质是：将表格的部分边框隐藏并将部分边框加粗。

表1 水电站水库特征参数
Tab.1 characteristic parameters of reservoir

水库	正常蓄水位(m)	死水位(m)	防洪水位(m)	出力系数	保证出力(万 kw)	装机容量(万 kw)
新安江	108	86	106.5	8.0	17.8	84.5
富春江	23	21.5	—	8.5	6.0	35.7

注：富春江防洪水位空缺

▲ 黄色虚线为隐藏框线，顶栏和底栏为加粗的边框

将光标放入Word表格中，会出现【表格工具】选项卡，在【边框】组中可以设置表格边框的有无，以及表格边框线的粗细（磅数）。

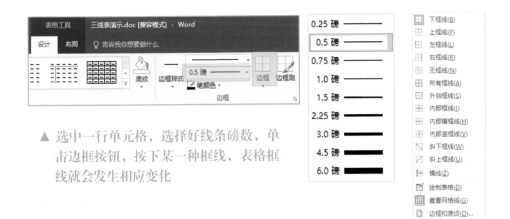

▲ 选中一行单元格，选择好线条磅数，单
　击边框按钮，按下某一种框线，表格框
　线就会发生相应变化

实例 68　基本款三线表制作

步骤一：将表格边框线全部去除

总体上讲，三线表边框线比较少，所以我们采用在无框表格的基础上，增加部分边框线并加粗部分边框线的方法。选中整个带完整边框的表格，单击表格工具的【设计】选项卡→【边框】→按下【无框线】即可去掉表格边框。

为了操作方便，可以单击表格工具的【布局】选项卡→【查看网格线】，去掉的边框线会以虚线的形式呈现。

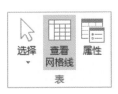

表1 水电站水库特征参数
Tab.1 characteristic parameters of reservoir

水库	正常蓄水位(m)	死水位(m)	防洪水位(m)	出力系数	保证出力(万 kw)	装机容量(万 kw)
新安江	108	86	106.5	8.0	17.8	84.5
富春江	23	21.5	——	8.5	6.0	35.7

注：富春江防洪水位空缺

▲ 单击【无框线】可以去掉表格边框线，上图中以虚线形式呈现边框

步骤二：添加部分边框线

此时，三线表还需要两条粗边框（顶栏上边框和底栏下边框），以及一条细边框（栏目线）。此时，选择表格项目栏（第一行），设置线条磅数为0.5 磅，单击表格工具的【设计】选项卡→【边框】→按下【下框线】；然后，设置线条磅数为1 磅，选择第一行单元格，设置【上框线】，选择最后一行单元格，设置【下框线】。

0.5 磅 ——

1 磅

表1 水电站水库特征参数
Tab.1 characteristic parameters of reservoir

水库	正常蓄水位(m)	死水位(m)	防洪水位(m)	出力系数	保证出力(万 kw)	装机容量(万 kw)
新安江	108	86	106.5	8.0	17.8	84.5
富春江	23	21.5	—	8.5	6.0	35.7

注：富春江防洪水位空缺

▲ 上述线条磅数在普通视图下显示不出粗细差别，但打印效果较明显

实例69 进阶款三线表制作

本文介绍的进阶款三线表有两个特点：（1）增加一条栏目线（细线），（2）两列之间存在间段以区分两组项目。

表2 新富梯级水库调度结果
Tab.2 Optimal operation results of Xinfu Cascade Reservoirs

月份	新安江						富春江			
	入库流量(m³/s)	月末水位(m)	发电流量(m³/s)	弃水流量(m³/s)	发电量(亿kw·h)	区间入流(m³/s)	月末水位(m)	发电流量(m³/s)	弃水流量(m³/s)	发电量(亿kw·h)
4	483	101.547	291	0	1.2935	943	23	1234	0	1.1949
5	656	103.383	296	0	1.3405	1008	23	1304	0	1.2540
6	933	106.406	278	0	1.2994	1454	23	1732	0	1.5948
7	402	106.470	387	0	1.8358	770	23	1157	0	1.1288
8	259	105.999	372	0	1.7613	364	23	736	0	0.7652

▲ 增加栏目线及间断线

学习完基本款三线表的制作就能完成一个典型的三线表，但由于该表含有"新安江"和"富春江"并列的两项，所以为了区分明显，我们需要在两者之间制造间断效果。

新步骤：添加白色边框线作间断处理

间断处理本质还是修改边框线，我们选择较粗的线条（如3磅），将线条颜色更改为白色，最后单击【边框刷】，光标会变为一支笔状，然后在需要间断处，画下即可形成间断效果。

▲ 边框刷其实本质和边框一样都能添加表格边框，区别是边框刷为手动添加

月份	表2 新富梯级水库调度结果 Tab.2 Optimal operation results of Xinfu Casca					
	新安江					
	入库流量 (m³/s)	月末水位 (m)	发电流量 (m³/s)	弃水流量 (m³/s)	发电量(亿 kw·h)	区间入流 (m³/s)
4	483	101.547	291	0	1.2935	943
5	656	103.383	296	0	1.3405	1008
6	933	106.406	278	0	1.2994	1454
7	402	106.470	387	0	1.8358	770
8	259	105.999	372	0	1.7613	364

除了以上方法，还可以在需要间断处添加一列无框空列，请读者自行摸索。

本节只能列举两款典型的三线表，实际使用中还可以添加辅助线，对于需要发表论文的读者，可以查看科技杂志上的更多三线表，本质都可以用边框线来实现。

科技论文表格的制作与编排

科技论文表格在编排的过程中也可能会出现各种各样的问题，表格的编排一般需要根据文章内容而定，表格应紧接在相关文字附近。但限于论文排版结构，导致表格跨页或表格本身容量较大，横向过大可以将页面设置为横向，纵向过大可以重复标题行。

跨页表格排版

在学位论文中，表格常常不凑巧，一半出现在前一页，一般出现在后一页，原则上这样的情况是不允许的。我们一般可以尝试以下几种办法进行调整。

1. 调整文字位置法

可以试图将表格后的文字挪到表格前方，使表格能完整落在一页。这种方法简单有效，但需要在文中注明表格的编号信息，能让读者能根据交叉引用和题注信息找到表格位置。

2. 调整表格大小法

从内容角度讲，可以将表格进行简化，减少表格中的项目；其次从表格设置讲，可以调整表格间距，比如，将表格的行距设置为"单倍行距"或将其设置为较小磅数的"固定值"，以此减少表格的高度。以此，试图将表格调整到一页上。

▲ 1.5 倍行距

▲ 单倍行距或较小磅数"固定值"行距

3. 重复标题行法

在怎么调整都没有用的情况下，我们只能选择表格跨页，但为了弥补跨页表格阅读上的不便，我们设置跨页表格重复标题行。将光标放置在表格的第一行，依次单击表格工具上的【布局】选项卡→【数据】组→按下【重复标题行】，此时跨页表格出现一个标题行。

实例 70　过宽表格排版

由于表格项目众多，导致表格横向尺度过大时，无论如何调整表格都很难将其容纳在一页文档上，我们能做的就是将该页纸张横过来。将整个文档中的某一页横过来，但前后页仍旧是竖页，此时需要使用之前提到的一个工具：分节符（下一页）。

第一步：在竖向页底端插入一个分节符（下一页），在该节之前的文档都属于一节，均为竖页。

第二步：插入分节符（下一页）后，光标会移到下一页（该页将在第三步设置为横页），继续插入一个分节符（下一页），于是文档有了第二节。

第三步：将光标置于第二个分节符所在页，在【页面设置】里将【纸张方向】改为横向。

▲ 在竖页底插入分节符　　▲ 将下一页页底再次插入分节符，然后在页面设置内把纸张方向改为横向

5.8　科技论文图片编排

在科技论文中，图常常包括曲线图、构造图、示意图、图解、框图、流程图、记录图、布置图、地图和照片等。

图应编排序号，每一图应有简短确切的题名，连同图号置于图下。必要时，应将图上的符号、标记、代码，以及实验条件等，用最简练的文字横排于图题下方，作为图例说明。

在学术论文中，一般会遇到单图排版、图文混排，多图排版的情况，接下来将依次介绍其中的技巧与注意点。

单图排版

在论文里，单图排版是最常见的情况。在学术论文中编排图片，强烈推荐"嵌入型"。所谓"嵌入型"，就是把图片作为一个字符对象处理，它的位置就像输入的文字一样，不能用鼠标任意移动位置，图片位置相对固定，不会乱"跑"。

在Word内，推荐从【插入】选项卡插入图片，不要直接使用复制/粘贴的方式插入图片。一般在无缩进的情况下，图片居中对齐，然后在下方插入题注即可完成单图排版。

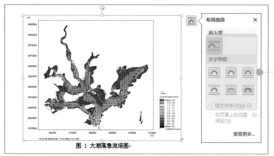

单击图片，右侧会显示【布局选项】，可以更换文字环绕方式

▲ 插入一幅图片，默认为嵌入型

在一般情况下，为方便单图排版，插入的图片默认为嵌入型。

如果默认不是"嵌入型"，可以在【Word选项】→【高级】→【将图片插入/粘贴】选择为"嵌入型"

▲ 在Word选项内设置插入图片的布局方式

多图排版

在论文里，多图排版也会时常出现，一组多个相似的图片，如果一行一副排列既浪费版面又不便于观察。我们可以将它们排版在一起，因嵌入型的图片不方便移动且不方便给图片下方的题注定位，不能单纯通过缩小图片的方式排列多个图片。

本节推荐使用无框表格法，在前文《科技论文表格的制作与编排》中已经学习了无框表格的制作，这一次将无框表格再次运用到多图排版中，以下将以四幅图并排为例，讲解无框表格法的步骤。

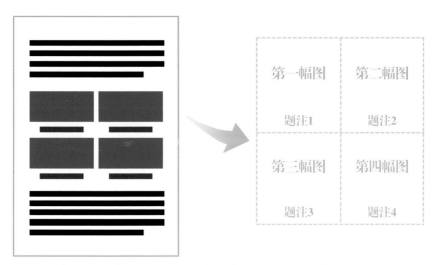

▲ 论文中四幅图并排的情况可以简化为右侧的无框表格

实例71 多图并排

分析下来，多图并排的思路就是：根据图片数量插入相应大小的表格，将图片依此填入表格中，并为相应图片插入题注，最终将表格框线去除。

具体来看，分为以下几个步骤，各有注意点。

步骤一：插入表格并对表格进行设置

需要并排几张图片就插入几个单元格，如四幅图片即插入2×2的表格。因为需要插入的图片尺寸与表格并不匹配，所以需要对表格单元格进行设置。

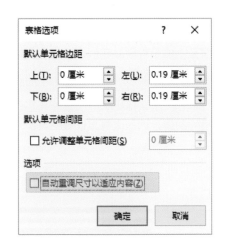

① 如果图片本身就有白色空隙，可将左右边距均设置为0厘米，如果图与图之间仍旧需要留空隙，则需更改数据（该部分数据根据实际情况调整）。

② 在【表格工具】→【布局】→【对齐方式】→【单元格边距】中将【自动重调尺寸以适应内容】取消勾选，否则图片过大会占满表格的空间。

步骤二：插入图片及题注

将图片分别插入对应的表格，插入图片后，选中图片分别插入题注（图片和题注在同一表格内）。在某些情况下图片规格可能相差很大，需要将单元格的对齐方式调整为"靠下居中对齐"。

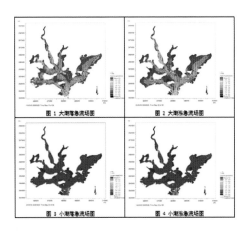

▲ 图片比例一致，正常插入即可

▲ 图片比例不一致，使其居中并底端对齐

步骤三：去除边框

去掉表格边框的方法与三线表中讲述的一致，选中整个带完整边框的表格，单击表格工具的【设计】选项卡→【边框】→按下【无框线】即可去掉表格边框。

▲ 十分方便地在论文中实现了多图并排

图片制作与排版常见问题

除了掌握常规的图片排版方式外，在实际操作中还会遇到一些问题常常难以解决。

问题一：究竟用什么软件给论文作图？

目前常用的绘图软件有Excel、Origin、SigmaPlot、AutoCAD、Visio等，除此以外不同专业的人也会有不同的作图软件，工科生说MATLAB完爆其他，数学系的说Mathematica高贵冷艳，统计系的说R语言作图领域天下无敌，计算机系的说Python低调奢华有内涵……

更多参考知乎讨论：如何在论文中画出漂亮的插图？

问题二：Excel作科技论文插图需要注意什么？

很多人仍旧会使用Excel来制作插图，但是如果不注意一些细节，作出的图很可能会显得低端不专业。笔者总结了6个注意点。

1. 图片上方切忌有标题，图名都会统一写在题注内。

2. Excel图默认最外侧有线框，建议将图片最外侧边框去除。

3. 不同图线不宜仅用颜色区分，否则黑白打印将无法区分。

4. 横纵坐标区间选择应当合理，可指定坐标最小值，使用对数坐标等。

5. 恰当标出横纵坐标单位，如果数字较大、较小，单位内可包括（$\times 10^n$）。

6. 一般科技论文要求图中数字字体为Times New Roman，故需要重新设置字体。

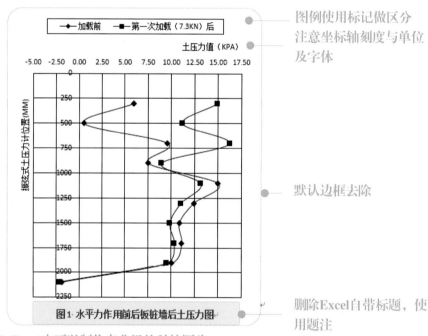

▲ Excel也可以制作专业级的科技图片

问题三：文档内某个图片放不下怎么办？

图片放不下一般有两个原因，① 当页剩余空间不够 ② 图片尺寸过大。针对以上两种情况：

方法一：缩小图片尺寸，不过记得缩放时按住Shift键保持比例一致；

　　方法二：调整图片与图片的相对位置，如将图片后的文字先挪到图片之前，填补原本图片占用的空间；

　　方法三：图文混排，将图片环绕方式改为"四周型"，将图片与文字混排，一般放在页面一侧。

▲ 此处放不下该图片，于是空出一段空白

▲ 缩小图片尺寸法

▲ 调整图片文字位置法

▲ 图文混排法

5.9　公式录入与编排

公式在数学、物理学、化学、生物学等自然科学中使用得比较常见！恰当的数学公式能够准确表征自然界不同事物之数量之间的或等或不等的联系。

于是，就有了在Word里进行公式的录入与排版的需求，在此过程中也容易出现一些问题，需要专门学习。一般而言，输入公式根据工具不同有四种方式，分别是：

① 键盘录入并配合上下标法；② Word 内置公式插入法；③ 插入对象之Microsoft 公式3.0法；④第三方数学公式编辑器 MathType 法。

实例 72　键盘录入并配合上下标法

对于论文中非常简单的公式形式，我们可以直接使用键盘录入字符，并根据实际情况设置上下标，一般变量字母建议设为斜体。

平方差公式：

$(a+b)2=a2+2ab+b2$

$(a+b)^2=a^2+2ab+b^2$

等差数列的通项公式：

$an=a1+(n-1)d$

$a_n=a_1+(n-1)d$

上标 (Ctrl+Shift++)
在文本行上方键入非常小的字母

下标 (Ctrl+=)
在文本行下方键入非常小的字母

▲ 在常见简单公式输入过程中，使用上下标比较方便（推荐上述快捷键）

实例 73　Word 内置公式插入法

在Word 2016 中可以直接插入或编辑数学公式，只需选择【插入】→【公式】→【插入新公式】，功能比较全面，基本能满足需求。使用方法也比较简单，键盘录入字符，并配合公式模板即可在Word内快速输入公式。

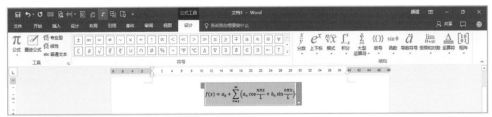

▲ 按快捷键 "Alt+=" 即可快速插入公式。插入公式后会增加【公式工具】选项卡，可以通过它录入公式

　　值得注意的是，如果【公式】按钮为灰色，是因为文档版本较早处于兼容模式，需要单击【文件】→【信息】→【转换】为高级版本，以使用新的增强编辑器。

　　另外，字体默认为 Cambria Math，只能将公式改为普通文本时才能修改字体，此时牺牲掉的又是公式原有的格式。

　　下面展示如何将其改为符合论文常见格式要求的方法。

$$x = \frac{-b \pm \sqrt{b^2 - 4ac}}{2a}$$

◀ 默认为Cambria Math 字体，效果虽好但不满足论文要求（一般要求为 Times New Roman ）

$$x = \frac{-b \pm \sqrt{b^2 - 4ac}}{2a}$$

◀ 在【公式工具】中将公式转换为"普通文本"，在字体菜单更改字体为 Times New Roman

$$x = \frac{-b \pm \sqrt{b^2 - 4ac}}{2a}$$

◀ 重新将字母改为斜体，并调整字符间距，效果也不尽如人意，比如此例中根号发生变形

使用Word内置公式插入法的缺点有两个：

① 无法使用早前版本的 Word 来更改该新公式；

② 字体修改有限制，比较烦琐。

所以这个方法适用于对兼容性要求不太高的非论文文档。

实例 74 插入对象之 Microsoft 公式 3.0 法

在 Word 内部还隐藏这一种插入公式的方式，可以依次单击【插入】→【对象】→【Microsoft 公式 3.0】，通过与插入公式法类似的方法，找公式模板并套入字符即可轻松输入公式。

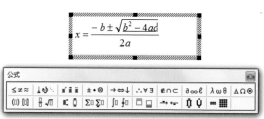

▲ Microsoft 公式 3.0 插入公式的方式也是套用公式模板并录入字符

公式编辑器（Microsoft 公式 3.0）包含在早期版本的 Word 中，并且需要编辑在 Word 2007 之前版本的 Word 中写入的公式时，兼容性好，仍可使用此编辑器。

双击要编辑的公式，公式编辑器将自动打开。因此，为避免每次插入对象过于麻烦，我们可以复制已有的公式，然后双击进去直接修改。

所以 Microsoft 公式 3.0 这个方法适用于对兼容性要求较高的论文文档。

实例 75 第三方数学公式编辑器 MathType 法

MathType 是一款功能强大的数学公式编辑器，是理科生专用的必备工具，已经被普遍应用于教育教学、科研机构、工程学、论文写作、期刊排版、编辑理科试卷等领域。它能够帮助用户在各种文档中插入复杂的数学公式和符号。

▲ 图片来自 MathType 官网　　　　　▲ MathType 软件界面

在MathType 中文官网可免费下载最新版MathType 简体中文版。安装完毕后，在Word中会出现 MathType 选项卡，内部功能组菜单已经完全汉化。

在 MathType 里插入公式共有5种模式：

内联： 在正文中插入行内公式，保存后公式之后会有一个空格；

显示： 将公式在单独一行居中显示；

左、右编号： 将公式居中显示，并将编号居左或居右显示；

打开手写输入面板： 使用微软内置的手写面板输入，系统自动识别公式。

使用任何一种方式插入公式后，出现的界面与Microsoft 公式 3.0有些类似，是因为后者实际是Design Science公司授权给微软的 MathType 的简化版本，故插入公式的操作也很类似，字符加公式模板就可以完美输入公式。

因为 MathType 属于第三方插件，所以必须安装该软件的Word才能编辑使用。并且与低版本的Word兼容性存在问题，容易变成图片，无法编辑。

所以对于长期使用高版本Word并且需要使用 MathType 强大编辑功能的用户推荐使用。

▲ 图片来自MathType 官网

公式的编排

一般而言，科技论文对于公式的编排要求是：公式居中，编号居右，要实现这一点需要利用插入"制表位"的方法。

制表位的功能是在不使用表格的情况下在垂直方向按列对齐文本，因此，通过制表符可以控制公式和编号的位置。

具体来看，可以分为以下几个步骤。

步骤一：录入公式及编号

使用前四种方法录入公式，编号可以通过插入题注的方式插入（记得勾选题注中不包含标签）。如果使用最新版 MathType 录入公式，则系统会自动插入制表符，并实现公式居中，编号右对齐的效果。

居中式制表符　　　　　　　　　　　右对齐式制表符

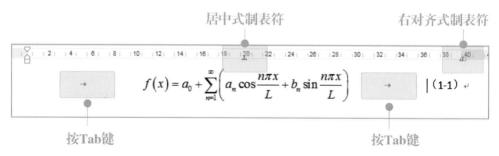

$$f(x) = a_0 + \sum_{n=1}^{\infty}\left(a_n \cos\frac{n\pi x}{L} + b_n \sin\frac{n\pi x}{L}\right) \quad (1\text{-}1)$$

按Tab键　　　　　　　　　　　　　　　按Tab键

▲ MathType 右编号插入公式后，直接实现公式编排效果

步骤二：设置居中和右对齐制表符

上图中，制表符就是位于标尺上的黑色符号，其中，中间的为居中式制表符，右侧的为右对齐式制表符（MathType自动生成）。

如果没有使用MathType，需要手动插入制表符，一种精确的方法是将光标定位在公式处，单击【段落】→左下角【制表位】，弹出设置对话框。

设置制表符需要考虑：制表符位置、对齐方式和前导符。分析上述情况，需要① 在文档中间位置插入一个居中对齐的制表符，不需要前导符；② 在文档最右侧位置插入一个右对齐的制表符，不需要前导符。

标尺中间为19.5字符（该数字为标尺字符数的一半，即居中的位置），故输入19.5

前导符指的是填充制表符空白位置的实线、虚线或点划线，此次不需要，选"无"

以公式中部为准，选"居中对齐"

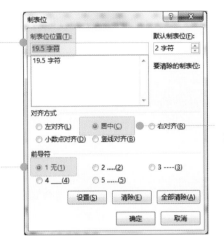

▲ 同理，在39字符处设置右对齐的制表符，无前导符

步骤三：按【Tab】键，使制表符生效

制表符起作用，需要搭配【Tab】键，在公式左侧按一次【Tab】键，公式到达居中位置，编号左侧按一次【Tab】键，编号到达右对齐位置。

$$f(x) = a_0 + \sum_{n=1}^{\infty}\left(a_n\cos\frac{n\pi x}{L} + b_n\sin\frac{n\pi x}{L}\right)\ (1\text{-}1)$$

▲ 按【Tab】键之前，制表符不起作用

$$\rightarrow \qquad f(x) = a_0 + \sum_{n=1}^{\infty}\left(a_n\cos\frac{n\pi x}{L} + b_n\sin\frac{n\pi x}{L}\right) \qquad \rightarrow \qquad (1\text{-}1)$$

▲ 按【Tab】键之后，制表符使公式整齐排布

5.10 参考文献的制作与引用

参考文献在学术研究过程中，相当于站在巨人的肩膀上，对某一著作或论文的整体参考或借鉴。对于参考文献的详细规范，有一项国家规范GB/T 7714-2005《文后参考文献著录规则》来约定参考文献的引用规则。

在Word文档里要对它们在文中出现的地方予以标明，并在文末列出参考文献表。在实际操作中，参考文献容易出现两类问题：

① 参考文献格式究竟是怎么样的？

② 参考文献数量众多如何实现编号自动化？

参考文献著录格式

在GB/T 7714-2005《文后参考文献著录规则》中详细规定了各类文献的著录格式。以下给出一个简明的表格供参考，详细条款说明可以参见上述国家标准，另外，建议参考文献标点符号采用半角状态下的英文标点。

文献类别	著 录 格 式
普通图书	作者. 书名 [M]. 出版地: 出版者, 出版年.
期刊析出	作者. 文题 [J]. 刊名, 年, 卷（期）: 起始页码－终止页码.
论文集/会议录	作者. 论文集/会议录名 [C]. 出版地: 出版者, 出版年.
学位论文	作者. 文题 [D]. 所在城市: 保存单位, 发布年份.
专利文献	申请者. 专利名: 国名, 专利号 [P]. 发布日期.
技术标准	技术标准代号. 技术标准名称 [S]. 地名: 责任单位, 发布年份.
科技报告	作者. 文题, 报告代码及编号 [R]. 地名: 责任单位, 发布年份.
报纸析出	作者. 文题 [N]. 报纸名, 出版日期 (版次).

▲ 常见的参考文献著录格式

一键生成参考文献著录格式

参考文献著录格式比较复杂，很容易出错，本文推荐几种简便的方法。

1. 谷歌学术

Google 学术搜索提供可广泛搜索学术文献的简便方法。可以从一个位置搜索众多学科和资料来源：来自学术著作出版商、专业性社团、预印本、各大学及其他学术组织的经同行评论的文章、论文、图书、摘要和文章。

通过搜索文献，可以使用其自带的引用工具，直接导出标准的参考文献格式。

在无法使用谷歌学术时，也可以使用百度学术搜索。

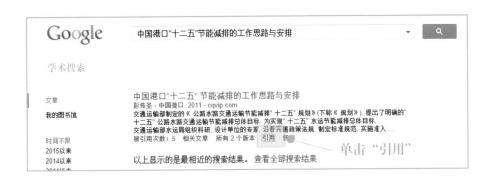

◀ GB/T 7714，是国内最常用的参考文献著录格式。复制GB/T 7714引用格式，直接粘贴到Word中即可

2. 参考文献格式生成器

百度"参考文献格式生成器"，根据文献内容填写参考文献的各个项目，即可自动生成（目前该网站已经停止维护更新，但可以使用）。类似的参考文献格式生成网站还请搜索"参考文献生成器"。

◀ 选择相应的文献类型，然后根据提示填入实际情况，即可生成格式标准的参考文献

以上方法生成的参考文献格式是机器生成的，建议根据参考文献著录格式进行校对。

参考文献编排方式推荐

参考文献采用实引方式，即在文中用上角标（序号[1]、序号[2]……）标注，并与文末参考文献表列示的参考文献的序号及出处等信息形成一一对应的关系。

参考文献样例

方国洪进行了深入研究改进……明显提高了短期分析的精度[1]。EMosetti和B.Manca采用逐步近似法……计算了各个分潮的调和常数[2]。陈宗镛分析并推导了……的计算公式[3]。1990年，陈又……用于实际预报[4]。

> **参考文献**
>
> [1] 方国洪.潮汐分析和预备的准调和分析方法，Ⅲ．潮流和潮汐分析的一个实际计算过程[J].海洋科学集刊, 1981b, 18：19-39.
>
> [2] F.Mosetti and B.Manca.Some methods of tidal analysis [J]. Intern. Hydrogr. Rev1972, 49(2):107-120.
>
> [3] 陈宗镛.潮汐分析和预报的一种模式[J]. 海洋与湖沼,1979,10(3)：230-237.
>
> [4] 陈宗镛.潮汐分析和推算的j、v一种模式[J]. 海洋学报(中文版),1990,12(6)：663-670.

本文列举参考文献编排的三种常见方式。

实例 76　交叉引用法插入参考文献

在文末用参考文献格式生成器逐个生成文献集，删掉原有编号后，利用Word编号功能添加形如[x]格式的编号；在文中待引用位置利用交叉引用功能引用参考文献的编号；最后将交叉引用编号替换成上标格式。

参考文献

[1] 方国洪．潮汐分析和预备的准调和分析方法, Ⅲ．潮流和潮汐分析的一个实际计算过程[J].海洋科学集刊, 1981b, 18：19-39.

[2] F.Mosetti and B.Manca.Some methods of tidal analysis [J]. Intern. Hydrogr. Rev1972, 49(2):107-120.

[3] 陈宗镛.潮汐分析和预报的一种模式[J]. 海洋与湖沼, 1979, 10(3)：230—237.

[4] 陈宗镛. 潮汐分析和推算的j、v 一种模式[J].海洋学报(中文版), 1990, 12(6)：663-670.

▲ 使用新的编号格式手动为参考文献表添加编号

　　方国洪进行了深入研究改进……明显提高了短期分析的精度[1]。EMosetti 和 B.Manca 采用逐步近似法……计算了各个分潮的调和常数[2]。陈宗镛分析并推导了……的计算公式[3]。1990 年，陈又……用于实际预报[4]。

参考文献

[1] 方国洪. 潮汐分析和预备的准调和分析方法，III. 潮流和潮汐分析的一个实际计算过程[J].海洋科学集刊, 1981b, 18: 19-39.
[2] F.Mosetti and B.Manca.Some methods of tidal analysis [J]. Intern. Hydrogr. Rev1972, 49(2):107-120.
[3] 陈宗镛.潮汐分析和预报的一种模式[J].海洋与湖沼, 1979, 10(3): 230—237.
[4] 陈宗镛.潮汐分析和推算的 j、v 一种模式[J]. 海洋学报(中文版), 1990, 12(6): 663-670.

▲ 在文中依次交叉引用编号项，引用段落编号

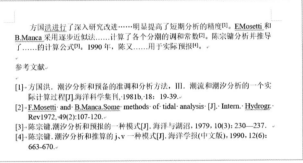

▲ 查找：[^#]；替换：^&，并设置字体格式-上标

实例 77　文献管理软件法插入参考文献

　　利用文献管理软件可以实现参考文献自动插入，本节推荐一款国产文献管理软件——Note Express。它支持两大主流写作软件，拥有全新的参考文献样式系统，三步搞定自动插入参考文献。

　　大部分高校图书馆已经购买了NoteExpress集团版，登录NoteExpress 官方网站，单击下载→选择集团版→检索你所在的学校→下载安装，安装后会在Word中自动安装插件，方便直接引用参考文献。

▲ **NoteExpress有PC版软件，同时在Word中会嵌入菜单栏**

一般来说，你需要引用的论文都是你下载阅读过的，所以利用这个插件可以智能识别，可以这样操作：打开NoteExpress软件→单击导入全文→选择下载好的一篇文献，导入后单击智能更新，其作者、年份、期刊名等详细信息即可更新。

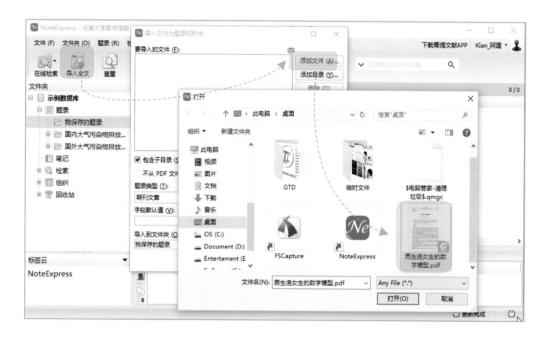

将待引用的文献全部导入NoteExpress后，将光标定位在Word中需要插入文献的地方→单击转到NoteExpress，界面将自动跳转到NoteExpress→选中所需文献→单击引用，界面又自动跳转回Word，参考文献按标准格式插入到Word中。

如此重复，就可以自动得到参考文献列表。

也许关于这款文献管理软件还可能遇到很多小问题，可以登录NoteExpress WiKi 知识库，你想知道的这里都有！

本课推荐NoteExpress是因为它是：

a）全中文界面，用户较容易入门；

b）支持较多中文期刊参考文献格式，EndNote软件需要用户自己设置；

c）导入中文文献数据库如维普、万方、CNKI的参考文献比较方便。

EndNote原理类似，更适用于对英文文献有较高需求的人，此处不再展开介绍。

这里推荐一个网站给大家，这个网站专注于推广EndNote的使用方法，提供EndNote错误的解决方法；也是一个关注科研实验方法，科学论文写作和投稿的个人博客。

实例 78　尾注法插入参考文献

利用Word尾注功能也能实现参考文献的制作与引用。尾注是在文档尾部（或节的尾部）添加的注释，如添加在一篇论文末尾的参考文献目录。

Word添加的尾注由两个互相链接的部分组成。即注释标记（文中部分）和对应的注释文本（文末部分）。删除注释标记时，与之对应的注释文本同时被删除。添加、删除或移动自动编号的注释标记时，Word将对注释标记重新编号。

尾注法操作步骤相对复杂，但体现了综合利用Word各项技能解决实际问题的能力，涉及的知识点包括：尾注、尾注分隔符、分节符、查找替换等。

参考文献采用实引方式，即在文中用上角标（序号[1]、序号[2]……）标注，并与文末参考文献表列示的参考文献的序号及出处等信息形成一一对应的关系。

首先进行准备工作，输入【参考文献】之后，紧接着插入分节符（下一页），再输入【致谢】（必须先把参考文献后的内容预留好空间），插入尾注后将其设置为插入在节的末尾，则可以保证参考文献在致谢部分之前。

注：此处考虑在致谢用尾注插入参考文献，故两者之间改为分节符（下一页）

步骤一：以尾注的方式插入第一个参考文献

将光标定位于Word文档中将要插入参考文献的位置，单击【引用】→【脚注】，单击菜单栏右下角的拓展按钮 ，打开脚注设置对话框，位置设定为"节的结尾"，编号格式为"1,2,3"。录入第一篇参考文献的文字。以后也按照这个方法，不管是在该参考文献的前面还是后面插入，Word都会自动更新编号，无需再一个一个改编号了。

◀ 默认尾注位于文档结尾，并且编号格式也为罗马数字，需要根据实际需求修改。

参考文献位于节的末尾

方国洪进行了深入研究改进……明显提高了短期分析的精度[1]。EMosetti 和 B.Manca 采用逐步近似法……计算了各个分潮的调和常数[2]。陈宗镛分析并推导了……的计算公式[3]。1990 年，陈又……用于实际预报[4]。

◀ 参考文献标注形式为上标形式的123，还需添加中括号

参考文献

[1]方国洪. 潮汐分析和预备的准调和分析方法，III. 潮流和潮汐分析的一个实际计算过程[J]. 海洋科学集刊,1981b,18：19-39.
[2] F.Mosetti and B.Manca.Some methods of tidal analysis [J]. Intern. Hydrogr. Rev1972, 49(2):107-120.
[3]陈宗镛,潮汐分析和预报的一种模式[J]. 海洋与湖沼，1979，10(3)；230－237.
[4]陈宗镛,潮汐分析和推算的 j、v 一种模式[J]. 海洋学报(中文版)，1990，12(6)：663-670.

◀ 参考文献列表编号不需要上标形式，需要加中括号

总之，参考文献格式达不到论文的标准，还需要进一步修改。

步骤二：给插入的参考文献加中括号

用Word自动插入的参考文献是没有中括号的，可以按快捷键Ctrl + H 打开查找替换对话框，使用替换的方式一次性完成，在查找栏中输入"^e"，再替换为："[^&]"，单击全部替换即可。

◀ 建议在引用完成之后再加方括号，否则会出现层层嵌套方括号

步骤三：给最后的参考文献编号去除上标标志

你会发现正文和尾注中参考文献都是上标的形式，正文的上标是你想要的，但是尾注中的上标不是你想要的。选中所有参考文献，继续利用查找替换功能，查找框设置上标格式，替换框输入 ^&（格式为非上标/下标），单击全部替换即可。为了更加美观，还可以为参考文献列表设置悬挂缩进2字符。

光标放在"查找内容"内，单击【更多】→【格式】→【字体】，勾选"上标"，单击【确定】。

光标放在"替换为"内，单击【格式】→【字体】，使【上标】前面的勾处于未选中状态（需要先勾选上标再取消勾选才能设置成功），单击【确定】。

参考文献

[1] 方国洪. 潮汐分析和预备的准调和分析方法, III. 潮流和潮汐分析的一个实际计算过程 [J]. 海洋科学集刊, 1981b, 18: 19-39.
[2] F.Mosetti and B.Manca.Some methods of tidal analysis [J]. Intern. Hydrogr. Rev1972, 49(2):107-120.
[3] 陈宗镛. 潮汐分析和预报的一种模式[J]. 海洋与湖沼, 1979, 10(3): 230—237.
[4] 陈宗镛. 潮汐分析和推算的 j、v 一种模式[J]. 海洋学报(中文版), 1990, 12(6): 663-670.

▲ 参考文献表前编号变为非上标，且增加了中括号，还需要删除尾注上的黑线

步骤四：去除尾注前的黑线

参考文献下方的黑线实在难看，无法直接删除。

① 先单击【视图】→【大纲视图】；

② 进入【引用】→【脚注】→【显示备注】；

③ 窗口下面出现了【尾注】，单击下拉菜单分别删除尾注分隔符、尾注延续分隔符；

④ 删除黑线后，将行距改为固定值1磅，这样能有效控制参考文献前的空白大小；

⑤ 单击【视图】→【页面视图】，恢复到正常页面。

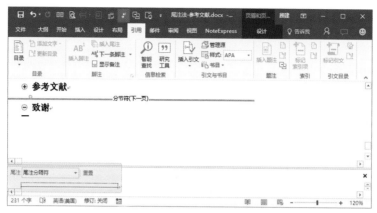

▲ 分别选择【尾注分隔符】和【尾注延续分隔符】，删掉横线

补充问题一：如何多次引用同一篇文献?

当你在文档中再次引用前面文档曾经引用过的文献时，这时宜采用"交叉引用"，否则编号会发生错误。

交叉引用尾注的方法：单击【引用】→【题注】→【交叉引用】，出现一个菜单，在引用类型中选择"尾注"，引用内容为"尾注编号"，这时在菜单中会出现你曾经编写过的所有尾注，选择你需要的，单击"插入"按钮即完成交叉引用了。

◀ 注：若之后又在前面的文档中插入新的尾注，这时后续的尾注会自动更新编号，但交叉引用不会自动更新。需要按快捷键"Ctrl+A"选择所有内容后，按"F9"键手动更新。

补充问题二：如何同时引用多篇文献？

引用文献特别是在文献综述部分，常常要把几篇引文列在一起，如[21-25]，但是Word没有这一功能，又不能将中间的文献删除，否则尾注引文也会自动删除，所以只好用一种折中的方法实现。

① 先按照常规的方法将所有尾注插入好，包括替换样式，如有连续的尾注先不处理，如形成[3][4][5][6]这样的连续尾注，下面要变成"[3-6]"的形式。

② 选择字符"][4][5]["，打开字体设置对话框，在"效果"选项中勾选"隐藏"复选框，将所选字符隐藏；然后在6前面加上"-"连接符号（也要设置为上标），这样形式上达到要求，而且也能够保留引文链接。

陈宗镛分析并推导了……的计算公式[3][4][5][6]。

▲ 按照常规的方法将多个尾注插入好

陈宗镛分析并推导了……的计算公式[3][4][5][-6]。

▲ 选择字符"][4][5]["，将其隐藏，并输入"–"

陈宗镛分析并推导了……的计算公式[3-6]。

▲ 打印预览中的效果（在默认视图下会显示隐藏的字符）

至此，参考文献的编制与引用已经完成。三种方法各有利弊，插入参考文献本身就是一件需要花时间的事情，三种方法能够缓解后期参考文献发生变化后的维护工作。

论文排版的核心内容已经讲解完毕，我们回顾下：学位论文存在章节多、编号多、页码多、图表多、文献多等特点。基于本章的学习，我们应该达成以下共识。

1. 如果等到论文写完才考虑排版，这会让悲伤的感觉增加数倍，习得本章论文排版方法，你将事半功倍，记住：

① 使用样式让格式与内容分离；

② 利用表格法、三线表、Mathtype图表公式科学排版；

③ 针对复杂的页码系统可以通过分节、页码格式设置解决；

④ 利用多级编号、题注实现标题、图表全面自动化编号；

⑤ 利用专业的文献管理工具可以实现参考文献的快速引用。

2. 排版前应该主动询问学校或师兄师姐关于论文排版的具体要求，提前做好准备。

3. 论文写作过程中随时按快捷键Ctrl+S保存，定期在网盘、优盘备份文件。

4. 论文完成后，务必另存为PDF版本后再打印。

和秋叶一起学Word

职场之道

CHAPTER 6

不加班，要加薪！

- 为了看似简单的文本处理，花了整整一上午？
- 费大力气给报告调整格式结果还是加了班？
- 本章专门帮助希望认真、专业又高效处理文档的人。不加班，高效工作，升职加薪不遥远！

6.1　不加班：表格的快速处理

打开文档看到表格，立刻脑补两个字：麻烦。

无论是绘制，还是删除；无论是更改样式、挪移分割线、填文字、填图片，给表格添加题注，还是跨页继承表头、跨页断行等，都是麻烦事。

所以每次遇到表格，都要多花好多时间——时间花出去还不一定搞得定！

本章教你迅速掌握调教表格的诀窍，从此以后，看到表格就脑补两个字：轻松！

表格行列迅速增减

增减行/列，传统的操作是：选中需要增加行/列处表格→右键菜单→插入/删除行→增加行/列或删除行/列。

通过右键菜单完成

但是如果每一行/列都需要这样操作，既费时间，又需要考虑增添行/列的位置：应该选哪一行做基准？到底插入新的以后是在原来的行/列上面还是下面，左边还是右边？

如果你的Office版本是2013以上，那就无需考虑这个问题了——Word 2013版本以后为表格增加行/列新增了简便功能。

需要在某个位置插入行，只要把光标移至需要插入的地方：鼠标悬停时，会出现蓝色十字符号。

单击蓝色加号，在加号位置完成添加行或列。这样就能迅速地实现行/列的增加，而且不会搞错新增行/列的位置。

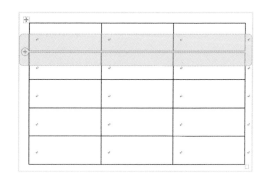

表格样式快速设置

当你好不容易把某一个表格的框线样式都设置完，是不是特别想一键复制到下一个新表格?

那就把这个样式添加到表格样式库来吧!

选中表格→【表格工具-设计】→【表格样式】→单击右侧下拉箭头→Word内置的表格模板。

表格样式

如果你接受内置的表格样式，那就只需选中表格，然后进入表格样式库，单击其中任一样式应用。

如需更换样式，在样式库中直接选择其他样式即可。

如果你觉得样式库里的都不合意，希望在现成的样式基础上进行修改，可以选中基准样式→单击样式库菜单栏中的【修改表格样式】→【修改样式】对话框→修改名称，以便与基准样式进行区别→对表格的字体、字号、颜色、框线等进行自定义设置。

如果需要修改框线，就单击【修改样式】对话框左下角的【格式】→【边框和底纹】→会弹出新的对话框供设置。

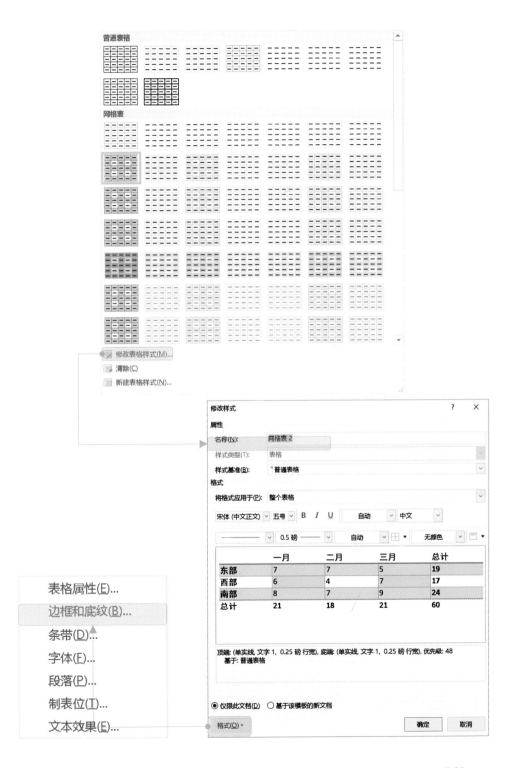

表格的边框可以分成几个构成部分，分别对应边框设置预览中的六个小框体。一般我们在选定线条的样式、颜色和粗细后，可以直接在预览图中进行操作，完成后单击【确定】按钮即可。

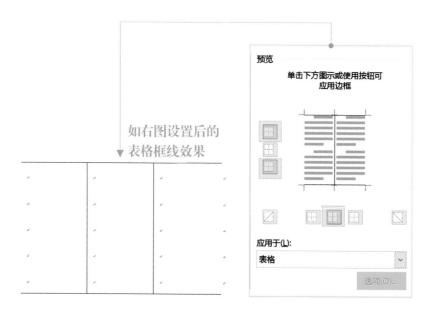

例如，想制作如上图左边没有中间横向框线和最外侧左右竖线的表格，就选中预览图中的相应位置边框，使其消失即可。

或者也可以完全新建样式：在表格样式菜单栏中选择【新建表格样式】，单击后，弹出的对话框和【修改样式】几乎一样！最大的区别在于，【创建新样式】对话框中，默认表格框线全部留空了，完全需要重新创建。

按照修订样式的操作流程，新建你喜欢的样式，完成后单击【确定】按钮。

咦，怎么表格没有自动变化？

再仔细看，你会发现【表格工具-设计】标签页中、表格样式库内，你刚才新建的自定义样式已经出现在第一位啦！

选中表格→单击自定义样式→应用成功！

通过对表格应用现成的样式，可以快速地变更表格的外貌设置——不过，这意味着，每次变更表格样式，都要进入表格样式库单击一次。

有更简便的方法一次性应用样式吗？

当然有！

这就需要用到"宏"啦！

"宏"不是病毒吗？！

当然不是！

"宏"是用VBA语言编制出的程序。因为黑客喜欢用利用这种形式编制病毒，才给它带去了不好的形象，其实它是Word自动化的重要角色。

实例 79   一键统一表格样式

我们可以编制一个简单的宏，一次性在表格中应用某个样式。

首先，需要新建一个表格样式：假设这个样式被命名为"常用样式"。

单击【视图】→【宏】→【查看宏】→在宏名称中输入"一键统一表格样式"→【创建】，弹出VBA编程对话框。

对话框中已经自动生成了VBA程序的开始和结束语，绿色句子为注释语句，不影响程序本身。

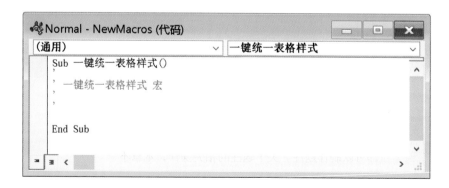

接下来，将程序语句填入Sub和End Sub之间即可。语句如下：

```
For i = 1 To ActiveDocument.Tables.Count
    ActiveDocument.Tables(i).Style = "常用样式"
Next
```

完成后，关闭VBA编辑窗口。

再次单击【视图】→【宏】→【查看宏】→出现了刚才新建的VBA程序→【运行】。唰，文档内所有的表格都应用"常用样式"成功！

实例80　表格快速编号

一篇文档内有很多表格的情况并不少见，此时给表格进行编号就成了一个大难题。

纯手工编号？累，而且容易出错。

怎么办？

Word给我们提供了自动生成表格编号的功能：题注。而且不光是图和表可以使用题注，被选中的任何项目都可以制作题注。关于题注的相关操作，本章不再赘述，烦请翻阅本书第2章相关内容。

实例 81　表格中不规则框线的添加

虽然越来越多的时候我们在线填写表格，但纸质表格在职场中总是拥有一席之地：有些项目表格，恨不得把所有信息都囊括进去，因此常常会出现各种特殊的框线。可是，怎样才能用Word绘制此类不规则表格呢？

例如，《预算使用表》里的斜线。

上半年项目预算使用基本情况表		
项目名称		总金额　　万元
项 目 承 担 部 门	部门名称	
	部门人数	
	部门负责人	
	部门团队邮箱	

其实斜线的添加十分便利：选中需要添加斜线的单元格→单击右键→【表格属性】→【边框和底纹】→选择向左或向右斜线即可。

Step1
右键单击表格属性
进入边框底纹设置

Step2
选择方向正确的斜线
完成单元格斜线绘制

但如果是两条斜线呢？

Word 2010以后的版本，取消了"绘制表头斜线"这一功能；因此，两根及以上表头斜线，需要借助绘制形状完成。

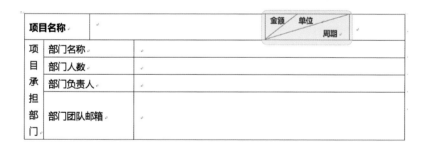

实例 82　表格中框线的迅速对齐

如果是简单的直线分割，是否直接挪移表格框线就可以了？如在下表中移动橙色标示单元格中的竖线。

你会发现表格的竖线都是联动的，也就是说，当你挪动这一行中的竖线时，整列的竖线都移动了。

什么，你发现可以？恭喜，你发现了单独挪动表格框线的诀窍：

选中即将被移动框线的单元格→鼠标悬停在中间框线，鼠标变身为双向箭头→移动框线。

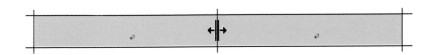

还有一种更简便的方法是直接画——当然不是用直尺和笔在打印稿上添加了，而是用鼠标在表格中直接绘制。

光标移至需要增加横/竖线的单元格中→【表格工具-设计】→【边框】→选择框线颜色和粗细→【边框】→绘制表格→鼠标变为笔形，直接绘制。

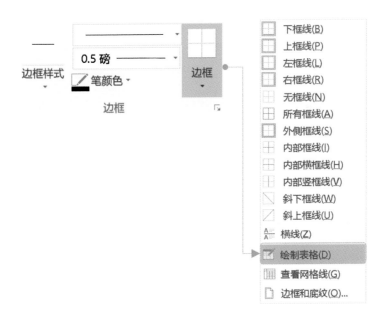

按住鼠标左键在单元格中按需要绘制框线，Word会引导鼠标自动校对框线角度，以达到绘制竖线、横线或斜线的目的。

如果需要大量增加不规则框线，建议使用这种方法，能大大缩短编辑时间。

实例83 表格跨页继承表头

跨页继承表头，亦即表格在延伸到次页时自动复制表头。

复制粘贴？错！——如果第一页中的表格内容有增减，那接下去的每一页都要修订。

实际上，Word表格拥有"跨页自动重复标题"功能。

选中表格标题行，单击右键→【表格属性】→【行】→勾选"在各页顶端以标题行形式重复出现"→【确定】。

查看第二页页头：标题果然出现了！

更简便的途径是：选中表格标题行→【表格工具-布局】→【数据-重复标题行】，效果和上述步骤一样！

方法1
表格属性设置

方法2
表格工具栏
直接单击按钮

使用跨页继承表头的功能时，需要注意的是：

1. 不论标题占了几行：一行、两行……跨页继承功能都有效！

2. 如果使用该功能，只能在首页对标题行进行编辑和修改，其余各页中选不中标题行。

3. 如果是只有标题行写入内容的空表格——即使是填了一半，或只有几行是空白，按照上述步骤设置完成后，跨页重复标题行不体现。解决的方法是：在空白处填入内容。如全部填完还没出现，可以选中标题行，重复单击【重复标题行】按钮。

实例 84　表格跨页断行

你是否也曾遇到过：明明是同一个表格同一个单元格里的内容，写着写着到一页的最后，却发现一句话的前半句还在第1页，后半句就跑到第2页去了。

如果要靠挪移框线，手工解决这个问题，很容易把表格拉变形：所以还是要进入【表格属性】进行设置。

选中表格区域或单元格→单击右键→【表格属性】→【行】→取消"允许跨页断行"前的对勾。

　　再往单元格里填文字试试看。

　　如果超出原本单元格的容量，该单元格会整体挪移到下一页。不过要注意的是：如果填写进该单元格的内容超出了一页，那么表格会一直延续下去直到第三页——因为一个单元格放不下！

表格自动计算

　　说到函数，就联想到Excel——Excel具有强大的函数功能，是Word表格拍马也追不上的。关于如何让Excel表格在Word内自动更新，请参见本书图表的相关章节。

　　Word主攻排版，Excel主攻数据计算。但实际上，简单的函数功能对Word来说不在话下：Word表格能轻松搞定求和、求积、求个数、求余数，还能四舍五入、逻辑运算等。

　　因此，如果是基本的运算，完全可以在Word中完成。如下表所示，合计一列三个值，便可以直接用Word计算完成。

上半年	下半年	合计
2.00098	5	X1
2000098	1234.7	X2
102	12034	X3

实例 85　　在表格内设置自动计算函数

　　光标放在X1位置→单击【表格工具-布局】→【数据-公式】→【查看公式】→【确定】。

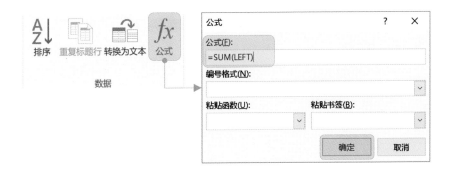

Word会根据表格对公式做自动推理：一般复核即可，如上图所示，会自动出现左侧的求和公式。

如果默认的公式并不是你需要的，也可以立刻进行更改。假设X1处并非求和，而是求乘积，则：

删除【公式】窗口中"="后的Sum函数部分→单击【粘贴函数】右侧的向下箭头→PRODUCT→在PRODUCT后的括号内输入计算的范围→【确定】，结果就出现了。

在【公式】对话框中，同时也可以设置最后显示数据的格式，如将计算结果保留两位小数。

其他操作与之前相同，在【公式】对话框的【编号格式】中选择"#,##0.00"即可。

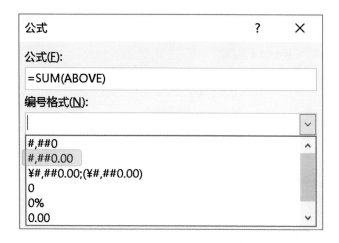

不过，Word的内置函数有一个缺点：无法自动刷新。也就是说，一旦数据源有改动，结果不会自动更新，关闭文档后重新打开也不会自动更新数据。不过，你可以手动更新——选中需要更新的计算结果→单击右键→【更新域】即可。

学到这里，你可能发现了：Word就是利用"域"在进行公式计算！所以，更新表格计算结果的更简单方法是：选中表格，按F9键，刷新成功！

上半年	下半年	
2.00098	5	7.00098
2000098	1234.7	
102	12034	

Calibri (匹 · 五号 · A ʌ ʌ
B I U ab A · ≔

- ✂ 剪切(T)
- 📋 复制(C)
- 📋 粘贴选项:
- 📋
- 📄! 更新域(U)
- 编辑域(E)...
- 切换域代码(T)
- A 字体(F)...
- 📃 段落(P)...
- 插入符号(S)

上半年	下半年	其他	
2.00098	5	1	
2000098	1234.7	2	
102	12034	3	

那么，如果是要计算第二列第三行与第三列第三行的和呢？

其实Word和Excel的单元格命名方法相同，如下表所示：第一行第一列第一格是A1，第二列第一行第一格是B1，依此类推。我们要求的值就是B3与C3的和。

	A	B	C
1	上半年	下半年	合计
2	2.00098	5	7.00098
3	2000098	1234.7	X2
4	102	12034	X3

因此，在【公式】对话框的【公式】栏内输入相关参数就能求出结果了。

另外，公式不仅在表格中可以使用，在页眉页脚、正文及文本框内也可以使用。

表格文字失踪之谜

秋叶老师，明明我都填进表格的，怎么字都不见了？

太简单啦！动动鼠标都解决！

"表格里的东西失踪了！"

如果你听到同事这样惊呼，那么，证明你是Word大师的时候到了——要解决表格文字失踪这个问题太简单了。

为什么填进去的内容会失踪？因为纸（页面）不够大，装不下表格了！换句话说，就是表格和纸张（页面）的尺寸不匹配。所以，只要调整表格尺寸，或者调整纸张尺寸，问题就会迎刃而解。

通常Word页面会被限定在A4纸张大小，所以调整表格尺寸就好了。

如何调整表格尺寸？找到页面标尺，根据标尺找到超出页面内容的边界，然后鼠标拖移、拉回可见区域即可。

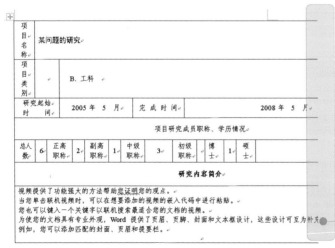

右侧文字失踪

如上图这种情况：把内容贴进表格，结果右边的字没有了。

想要调整表格尺寸，去哪里找表格右侧的边框线呢？

首先，确保你的Word页面显示了标尺工具。

标尺位于页面顶端，是这样子的↓

如果页面上方没有显示标尺，进入【视图】→【显示】→勾选【标尺】。

在页面上方会出现标尺，此时，你会注意到标尺的右侧有一段灰色的区域，区域的末尾有个向上的箭头。

如果找不到这个箭头，可以适当缩小页面显示比例。调整显示比例在页面右下角。

回到标尺：没错，右侧灰色段就是没能显示出来的部分！而箭头代表的就是超出页面的外框线最右端所在的位置。

选中表格→标尺的右侧末端变成灰色矩形：鼠标移动至那段灰色的最右侧、灰色小方块处，鼠标箭头会变身成双向箭头。

按住鼠标左键向左移动，有虚线出现，而随着虚线向左移动，表格也在变化。

最终，表格失踪的文字都回来啦！表格顺利地回到了页面中。

同理：如果表格是在左侧失踪，那需要调整的就是左侧的标尺。

不过，Word给我们的解决方案向来不止一种。

选中表格（不是单元格，是整个表格，也就是表头左上角类似田字格的小方块）→单击右键→【自动调整】→【根据窗口调整表格】→表格根据页面大小自动调整表格尺寸，失踪的文字也就出现了。

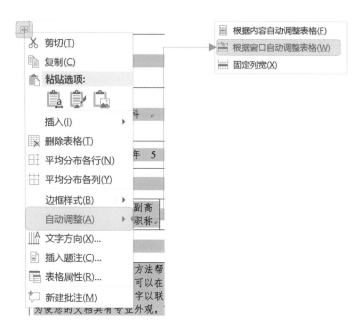

如果是底部的文字消失了呢?

选中表格→单击右键→【表格属性】→【选项】勾选"自动重调尺寸以适应内容"→【确定】。

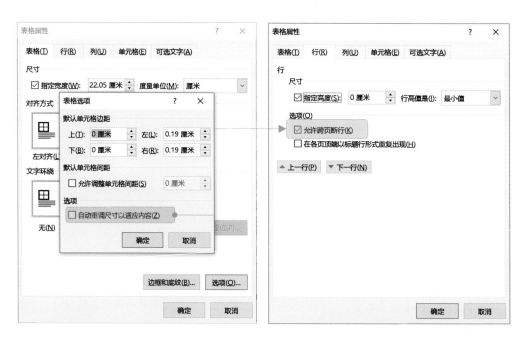

再切换到【表格属性】→【行】→"行高值"（选择"最小值"）→勾选"允许跨页断行"→【确定】。

现在表格自动跨页，显示余下内容。

无法删除的最后一页

不知道你是不是也遇到过这样的情况：表格终于做完了，但是最后怎么多了一页空白页？而且怎么都删不掉！

为什么会有空白页？

因为表格把第一页填的太满啦！

所以我们要做的，就是在不改变表格布局的情况下，缩减第一页的空间。

缩减空间的方法：

1. 减少行间距；

2. 减少页边距。

如何减少行间距？

单击【开始】→【段落】工具栏右下角小箭头→【段落】对话框→"行距"选择"固定值"，设定值为"1磅"→【确定】，完成行距设置。

另外一种方法是减少页边距：【布局】→【页面设置-页边距】→单击"窄"方案直接应用到文档页面。如果还不够窄，单击最下方【自定义边距】→【页面设置】→在"页边距"项上下左右内输入相应的数值，如"1"→【确定】，完成设置。

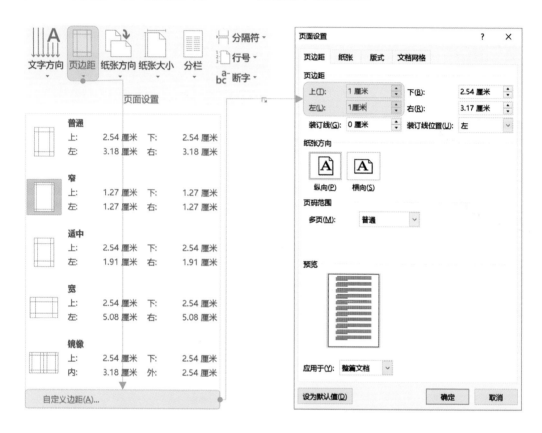

6.2　不加班：连席卡都做得又快又好

又要开会了！啊呀，席卡还没做！

一阵手忙脚乱，浪费若干打印纸，终于——

大家来帮忙做手工写一下吧！

以上场景是不是很眼熟?

我们总是在工作中遇到看似简单，却可能因为方法不当而耗费很多时间和精力的事情，做席卡就是很典型的一项。

其实，这件事情完全可以做得既专业又轻松。

▎制作标准席卡内页

第一步：建立数据源。

将需要制作席卡的姓名录入并制作为简单的Excel列表，必须包含表头。完成后，保存并关闭文件。

注意：此处表头为"与会人员姓名"。

建议更改默认工作表名称sheet1为自定义名称，或删除多余空表，方便后续浏览查找。

建立Excel文件

必须有表头

删除多余工作表

第二步：制作席卡模板。

新建Word文档，在空白处【插入】→【文本框】→【绘制文本框】。

绘制完成后，选中文本框并双击→【绘图工具-格式】→文本框尺寸设置窗口→根据亚克力桌签的实际高度需要，录入行高列宽。本案例作为范例的尺寸为高10cm，宽21cm。

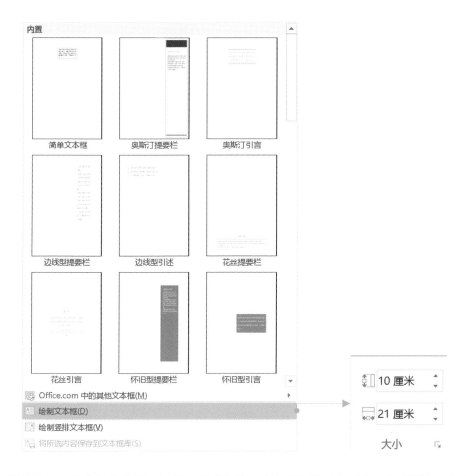

调整第一个文本框的位置，复制，然后将第二个文本框粘贴在下方。此时页面内为两个空文本框。

第三步：向Word导入数据源。

接下来，通过Word文档的邮件发布功能，完成席卡模板。

【邮件】→【开始邮件合并-开始邮件合并】→邮件合并分布向导。

　　窗口右侧弹出引导步骤，默认为信函选项，可以不做更改→选择【下一步：开始文档】→进入第二步，不做更改，选择【下一步：选择收件人】→进入第3步，不做更改，选择【下一步：撰写信函】→弹出数据源选择框→根据保存位置选择数据源（亦即开始就准备好的Excel文件）。

　　弹出表格确认框→确认工作表名称正确后，【确定】→弹出邮件合并收件人确认框，确认内容无误后，【确定】。

　　内容中可能含有空白单元格，去除对勾即可。

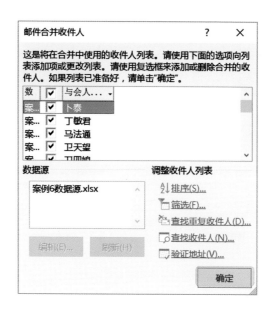

第四步：插入合并数据源。

光标移至第一个文本框内→【插入合并域】，出现需要的字段：【与会人员姓名】。

完成后，文本框内会出现"《与会人员姓名》"。

对两个文本框做同样操作，然后单击右侧导航栏中的"下一步"按钮。

默认字体非常小，为了起到桌签的功能，需要放大字号、设置字体，并将文字设置为居中。

选中"《与会人员姓名》"（包括前后书名号部分）→设置字体为黑体，字号为80，选择文字居中。

选中文本框→【绘图工具-格式】→【文本-对齐文本】→【文字方向】→【中部对齐】。

对两个文本框进行同样操作。此时文字左右、上下均居中。

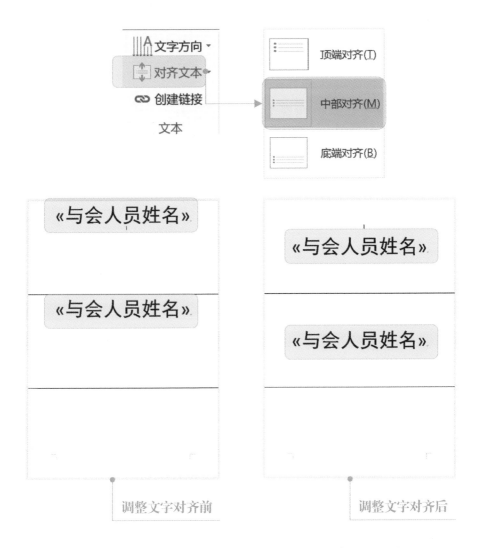

桌签内页需要对折，考虑到对折后的效果，需要对第一个文本框进行设置。

选中位于上方的文本框→【绘图工具-格式】→【排列】→【旋转】→【垂直翻转】。

此时页面内容设置完成，如下图所示。字体、字号可根据实际需要进行设置。

最后一步：打印桌签。

单击【邮件】→【完成-完成并合并】→【编辑单个文档】→弹出合并到新文档范围确认窗口，【全部】→【确定】。

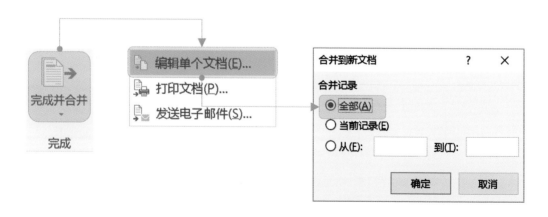

此时所有桌签都输出，可以进行打印，打印时可以设置纸张为A4大小或任何自定义大小。

完成打印后进行对折，塞入桌签牌。

泰ㄣ	昏婦丁	骶宏즈	壁天긔	嫌回긔
卜泰	丁敏君	马法通	卫天望	卫四娘
翠小	顷小	纽小	园小	囧小
小翠	小虹	小玲	小凤	小昭
蹜긔	韓承王	쟛느죠	歌岥	쬱天순
卫璧	王难姑	元广波	邓愈	方天劳

制作简易纸桌牌

　　如果没有现成的桌签牌，可以直接用A4纸折叠成为桌签牌么？

　　当然！只需要将文本框稍作修改就好。

　　根据打印纸张大小，将页面高度约1/3作为文本框的高度。

　　注意：设置高度时需要留出页边距，方便折叠后作为粘贴处。

　　插入三个文本框，在第一和第三文本框内插入合并内容，如图所示进行方向、字体和大小的设置。

　　其他如前述操作，完成打印后进行对折即可。

席卡放置的规范

好容易做完了席卡，可不能放错啊！

1. 主席台模式

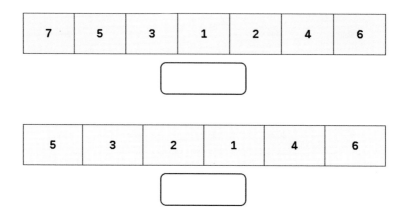

2. 中式圆桌形式

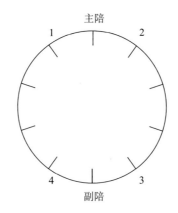

3. 西式长桌形式

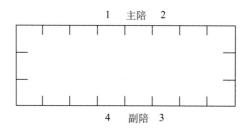

6.3　多加薪：利用邮件发布迅速完成工作

问：邮件发布是什么？用Word发邮件么？

答：当然不只是发邮件了！是可以一次性地给无数个不同的人发不同内容的邮件！

问：可是，发邮件什么的，我用的不多啊！

答：那你需要填表吗？需要写很多信封吗？需要做标签吗？还记得刚才怎么做的席卡吗？

问：啊哈！邮件发布还能填表？还能做信封？还做得了标签？

答：当然了！连贴图都行！

邮件发布功能，就是那么神奇。

▎利用邮件发布完成债务明细表

为什么要叫作邮件发布功能？因为这个功能可以将Word里编辑完成的内容，通过Outlook邮件客户端发送出去。【邮件】功能拥有独立的标签页呢！

为了应用这个功能，通常要备齐两个要素：一个通用的文字模板和一份数据源。

【讨债对象】你好，

　　请将款项【欠款金额】汇入中国工商银行帐号 12345。结算时以人民币为单位。最后还款日为本月 13 日。

　　如有疑问，可随时咨询电话 800400。

　　谢谢！

例如，你要去收债。

虽然每个人金额不一样，但是讨债时说的话都差不多，所以先把一致的部分写下来。

然后，你需要准备好一张数据表：表里记录了讨债对象的姓名、欠款金额，以及对方接收邮件的地址。这张数据表需要用Excel制作。

	A	B	C
1	对象名单	欠债金额	邮件地址
2	甄嬛	1021.2	zhenh@word.com
3	雍正	2341.9	yongz@word.com
4	华妃	9012.3	huaf@word.com
5	苏培盛	3719.2	sups@word.com
6	沈眉庄	98.5	shenmz@word.com
7	温实初	20192	wensc@word.com
8	曹琴默	3013.7	caoqm@word.com

制作完成之后，保存并关闭Excel，然后在刚才的Word文档中继续操作：单击【邮件】→【开始邮件合并】→【邮件合并分布向导】。

页面邮件会弹出邮件合并侧边栏，接下来按部就班设置。

因为需要将内容以邮件形式发送出去，因此在第一步中选择【电子邮件】，然后在底端选择【下一步：开始文档】。

第二步不需要做任何改变，直接单击【下一步：选取收件人】。

在第三步中需要用到刚才保存的Excel文档：单击【浏览】→弹出选择数据源窗口，选择Excel数据表保存位置→确认打开→弹出选择表格窗口→确定→出现【邮件合并收件人】确认窗口，【确定】，回到Word文档页面。在右侧边栏中单击【下一步：撰写电子邮件】。

接下来，单击【邮件】→插入合并域，你会发现，Excel数据源表格中的三个字段出现了！

此时，页面上并没有改变，但是单击【邮件】→【编写和插入域-插入合并域】，看到三个数据项已经出现。

接下来，我们就把合并域中的字段插入文档中去。完成效果如下图所示。

甄嬛你好，

　　请将款项 1021.2 汇入中国工商银行帐号 12345。结算时以人民币为单位。最后还款日为本月 13 日。如有疑问，可随时咨询电话 800400。

　　谢谢！

完成插入后，单击侧边栏的【下一步：预览电子邮件】，如下图所示。

«对象名单»你好，

　　请将款项«欠债金额»汇入中国工商银行帐号 12345。结算时以人民币为单位。最后还款日为本月 13 日。
如有疑问，可随时咨询电话 800400。
　　谢谢！

　　咦，怎么只有第一个欠款人的名字出现了？别急，看侧边栏如下图中：单击【收件人】
边上的箭头，每个欠款人及明细都依次出现了！

　　如果你希望暂时不发送至个别收件人，可以通过【编辑收件人列表】，去掉收件人姓名
前的对勾实现。

　　完成预览后单击【下一步：完成合并】。

　　什么都没发生？因为电子邮件还没编辑完成！

　　向导只是引导我们完成邮件正文的编辑，想完成邮件的发送，还差最后一步。

单击第6步侧边栏中【电子邮件】按钮→弹出合并到电子邮件对话框→单击【收件人】右侧的下拉箭头，选择【邮件地址】→【主题行】中输入邮件标题，完成邮件→单击【确定】按钮。

一瞬间，你就能在Outlook的【已发送邮件】记录中找到刚才发送的邮件啦!

总结一下：只要符合以下条件，就推荐用邮件合并功能，必将大大提升工作效率。

1. 一样的主题。

2. 大量各异的收件人。

3. 差异的实际内容。

利用邮件发布快速填表

因为邮件发布功能可以实现将大量差异的数据一次性插入模板并分别保存，因此演变出了许多提升工作效率的运用。

例如，填表。

如果一次性填100份如下页图中这样的表，你觉得需要多久?

什么，要加班?

不用啊! 你看：工号、姓名、部门、岗位、出生年月、党派、近三次绩效成绩以及工作业绩自述、部门推荐理由，都可以事先在Excel中输入完成。然后通过邮件发布功能，将Excel中的信息作为合并域一次性添加进去，立刻完成!

可是发布完成后，不需要作为邮件发布出去啊，怎么保存为文档呢?

根据之前案例的操作步骤，将合并域逐一填入相应位置→【邮件】→【完成-完成并合并】→【编辑单个文档】→弹出【合并到新文档】窗口，选择【全部】→【确定】。

所有的Word文档都出现啦! 默默保存，或者打印出来，工作结束!

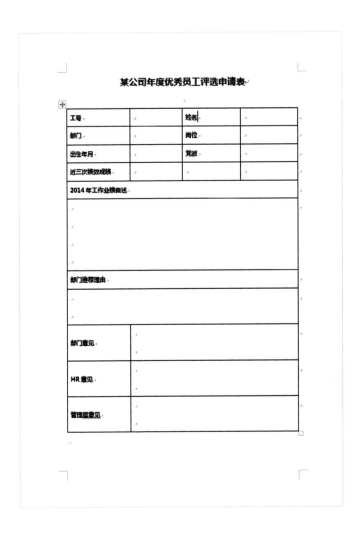

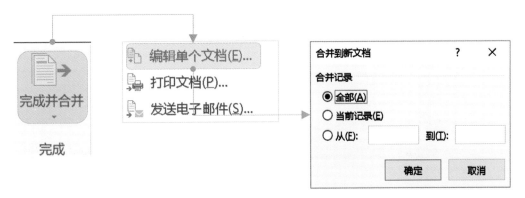

利用邮件发布填写带图片的表格

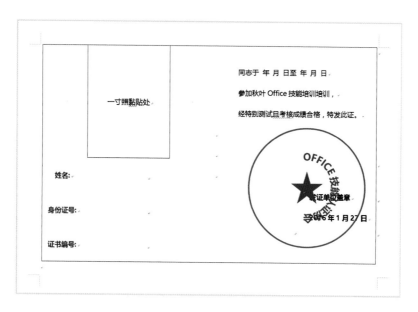

不过，如果是这样的表格呢？

和前一张表格相比，多了照片的位置！

你的解决方案是什么？首先用邮件发布功能插入文字部分，最后手动插入图片？

——(⊙o⊙)…只有10张也就算了，如果是100张呢？

——100张也一样！邮件发布功能，仍然可以帮助你一次性解决含图片的表格填写！

文字部分的插入合并域操作不再赘述：根据之前的案例，制作数据源，依次插入合并域。

需要注意的是：图片的名字必须和数据源内的名字一致。

什么叫一致？如下图所示，图1是Excel表格，图2是文件夹中图片的命名——完全一致！

	A	B	C	D	E	F
1	证书获得者	身份证号码	证书编号	培训开始日	培训截止日	照片名
2	建建	25213252522524114	20160110	2015年12月24日	2016年1月27日	1.gif
3	芃芃	14525235125545323	20160111	2015年12月24日	2016年1月27日	2.gif
4	齐晟	31345212114553525	20160112	2015年12月24日	2016年1月27日	3.gif
5	齐翰	24315235551254514	20160113	2015年12月24日	2016年1月27日	4.gif
6	赵王	52443435213315111	20160114	2015年12月24日	2016年1月27日	5.gif
7	绿篱	22244334332344325	20160115	2015年12月24日	2016年1月27日	6.gif
8	杨严	34522551152545524	20160116	2015年12月24日	2016年1月27日	7.gif
9	江映月	13451221112531443	20160117	2015年12月24日	2016年1月27日	8.gif
10	黄良媛	35415341231251312	20160118	2015年12月24日	2016年1月27日	9.gif
11	陈良婵	53133521221514335	20160119	2015年12月24日	201	
12	王昭训	15353341431143423	20160120	2015年12月24日	201	
13	李承徽	44333435322521555	20160121	2015年12月24日	201	
14	杨豫	21235443513242435	20160122	2015年12月24日	2016年1月27日	13.gif

图1

名称	日期	类型
1.gif	2012/10/28 15:00	GIF 文件
2.gif	2012/10/28 14:59	GIF 文件
3.gif	2012/10/28 15:00	GIF 文件
4.gif	2012/10/28 15:01	GIF 文件
5.gif	2012/10/28 15:02	GIF 文件
6.gif	2012/10/28 15:02	GIF 文件
7.gif	2012/10/28 15:03	GIF 文件
8.gif	2012/10/28 15:03	GIF 文件
9.gif	2012/10/28 15:03	GIF 文件
10.gif	2012/10/28 15:04	GIF 文件
11.gif	2012/10/28 15:05	GIF 文件
12.gif	2012/10/28 15:05	GIF 文件
13.gif	2012/10/28 15:05	
14.gif	2012/10/28 15:06	
15.gif	2012/10/28 15:06	

图 2

接下来，利用邮件发布功能来完成图片的批量添加。

将光标移至粘贴一寸照的空格内，单击【插入】→【文本】→【文档部件】→【域】→弹出菜单栏→【域名】选项"IncludePicture"→域属性中，文件名或URL处填入任意自定义值→为辨认方便，本案例此处填入阿拉伯数字1→【确定】。

退出域编辑菜单栏后，图片并没有出现：反而一寸照处多了个丑陋的带红叉的图。怎么办?

没关系，还有剩下两个步骤要完成：第一步，同时按住Alt键与F9键，会发现这张图转变成了一段代码，如下图所示：

那个"1"是什么? 这就是我们为域属性设置的自定义名称。用鼠标小心选中数字1，不要选中前后符号→【邮件】→【编写和插入域-插入合并域】→弹出所有合并字段→选择"照片名"，插入成功。

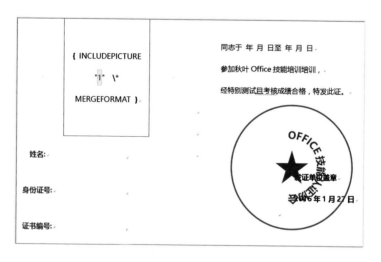

插入完成后，域代码显示变为下图所示：原本数字1的位置已被照片名合并域代替。

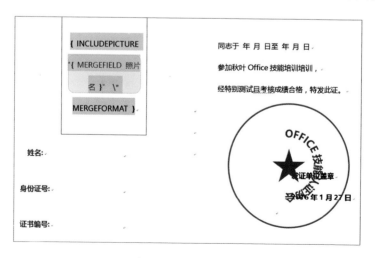

【邮件】→【完成并合并】→【编辑单个文档】→【选择全部记录】。

此时，Word自动生成长文档：如果切换代码，图片仍未显示。

新的长文档保存至一寸照同一文件夹内→同时按快捷键Ctrl+A（即全选文档）→同时按快捷键Alt+F9→键盘F9，文档刷新，照片全部出现！

如果图片仍未出现，请检查：

1. 合并完成的文档需要保存至放置照片文件的同一文件夹内；

2. 照片名需要完整，包含格式。

这两点都做到了吗？再试试看吧。

利用邮件发布批量发布带附件的邮件

有时我们不得不发布带附件的邮件。与插入不同的文字合并域或是图片相比，附件要稍费周折。

如果最终生成的邮件正文对文字格式没有要求，可以采取最直接的办法。优点是操作逻辑简单，容易记忆。缺点也很明显：由于Outlook的安全机制，每发送一封邮件就会弹出确认窗口。不过，这个缺陷可以通过安装第三方小工具解决。

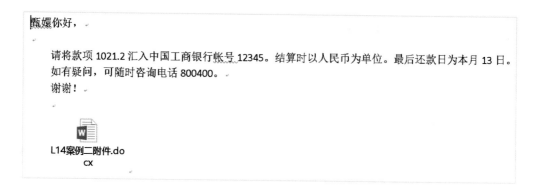

最终的视觉效果如上图所示。

那么，附件是如何附加进去的？

文字合并域的步骤请参照前文案例。完成邮件主体后，【插入】→【文本-对象】→【对象】→弹出【对象】窗口→【由文件创建】→选择附件保存路径，勾选【显示为图标】→【确定】，完成添加。

6.4　多加薪：有意见一定要用审阅和修订

通常，在使用Word时，我们面对的是单一的文档，但有时，也会需要同时处理几个文档。

比较文档修订结果

老板：你把法务的意见汇总一下给我拿来。

我：好的！

老板：过十分钟送过来好了，我在会议室111！

我：……

十分钟哎！——

老板怎么知道我只需要十分钟就能做完！

好吧，这个秘密从此以后大家都知道了：Word在【审阅】中的【比较】功能。

具体的做法是：你手头有2份需要"找不同的" 文档，假设为文档A和文档B。然后你打开Word空白文档，进入【审阅】→【比较】工具栏→【比较】。

选择"比较" →【比较文档】对话框→"原文档"右侧箭头→打开文档A所在位置→在 "修订的文档"中，打开文档B所在位置。

单击【更多】按钮，弹出更多选项。

在【比较设置】区，可以选择比较的范围：是否对批注、文字挪移、格式、空白区域、表格等做比较，或设置例外。

而【显示修订】选项中，可以对比较结果的显示做设置：是显示在原文档中，还是修订后文档中，还是新文档中。

全部选择完成后，单击【确定】按钮，比较结果会根据设置显示在新文档中。

新文档的页面分为四个部分：最左侧是【修订】栏，显示总共有几处修订，是谁（会显示修订者姓名）在文中何处做了怎样的修订。

中间主体部分为【比较的文档】，结合了原文档和修订的部分。

最右侧上下窗口分别是原文档和修订的文档。

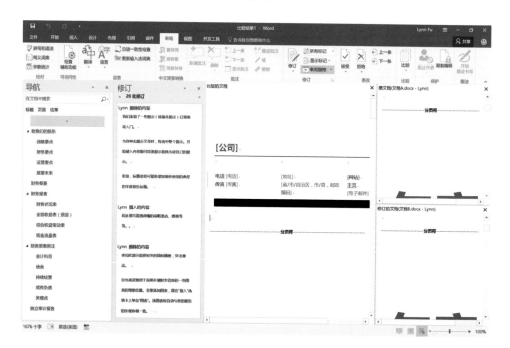

这样一来，想知道修订了哪些地方？看左边。想知道结合文档A和文档B是个什么结果？看中间。万一还需要对照一下两个文档，那就看右边。太方便啦！

然后，问题又来了：如果是三个文档呢？

三个文档的话，可以折中处理：假设三个文档分别是文档A/B/C，那我们就先比较A和B，然后把比较结果保存为D，再比较C和D。

合并不同文档

如果是要制作剪贴画艺术品，那请随意地使用手工。

但如果是需要制作多个文档合并，那还是请打开Word吧！

Word能做的，可不仅仅是把A贴到B下面而已：和【比较】功能类似，Word在合并文档后，也会出现四位一体的窗口，把修订内容、合并结果、文档A/B都显示出来。

操作方法也和【比较】类似：单击【审阅】→【比较】→【合并】→弹出合并文档对话框，在"原文档"和"修订的文档"中分别选择文档。

单击【确定】按钮后，合并后的文档会根据设置在原文档、修订后的文档或新文档中显示。页面左侧列出了所有被修订的地方，中间是合并结果，右侧是原文档和修订的文档。

单击左侧修订的条目，中间窗体会直接跳转至文档的相关位置，非常便利。

同时，如果被合并的文档A和文档B都含有格式修订，那么合并结果中只会包含其中一种。是哪一篇文档的？Word会弹出对话框请你选择。

选择保留A或B文档的格式后，单击【继续合并】按钮，合并完成的窗体就会出现了。

对文档进行批注的方法：审阅及修订

在【比较】和【合并】过程中，都涉及了"修订"这个概念。修订是什么？

修订=拿着红笔在文件上改改改？或许不久之前，你的上司的确仍然这样做。但是如果你也还是这样做，那或许下一次升职的时候，上司会觉得你效率低下。

在文字稿上直接手写修订，费时费力，而且调用修改结果时很不方便，辨认起来容易出错不说，需要再修订也很麻烦。若是有人希望知道哪一句是谁改的，搞不好还要曲折委婉地问很久，时间精力浪费严重。

其实，Word内置了最好的校对工具，为什么不用起来呢？

如你所见：无论是删除、添加、替换还是格式中的字体、段落等各种修订，在修订状态下全部被记录下来，并用颜色和符号进行标注。如果你对段落内容有疑问、有建议或想写个眉批，没问题，批注功能会全部记录下来。

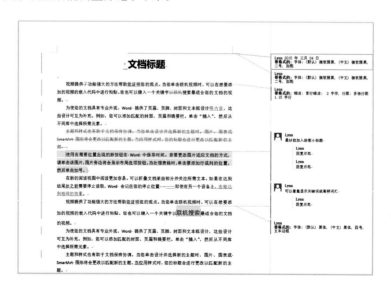

要实现这样的修订，首先要进入【审阅】→【修订】工具栏→修订：在选中状态下，所有对文档进行的操作都会被记录下来；如果希望停止修订，则取消选中就可以了。

 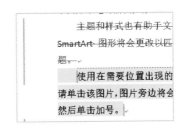

在【修订】状态下，不同Word用户的修订操作会用不同颜色区分开来。

默认状态下，新插入的内容以单下划线表示，删除的内容会显示删除线。所有修订的位置会有外侧框线提示。

——当然，所有的这一切都是可以自定义的！

单击修订工具栏右下角的小箭头→【修订选项】→【高级选项】。

修订时的各种标记当然可以自定义，连批注框的宽度都可以修改。大家不妨尝试修订下。

有意思的是，你可以改变按照作者区分颜色的标注方法，而统一改为一种颜色。单击颜色右侧下拉箭头，可以在窗体中直接选择。

不过，根据不同作者分配的颜色在这里无法修改。

页面上有了修订内容，页面就会加宽：如果需要在打印时连同修订结果一起打印，页面方向也可以在这里设置。

如果需要，那就是说，可以不在打印中显示修订结果？

当然了！在【修订】工具栏的右上角，单击"所有标记"右侧的下拉箭头。

菜单中有四种状态："简单标记"状态下，页面只显示修订后的结果和批注框，"无标记"则只显示修订结果，而"原始状态"顾名思义，显示的是修订前的页面。

如果你希望打印时没有批注框出现，可以选择"无标记"。

还记得【比较】与【合并】案例中，在右侧显示的修订结果文字描述吗？在【修订】状态下当然也可以有！单击【修订】→【审阅窗格】，这一栏就会出现啦！如果单击【审阅窗格】按钮右侧的下拉箭头，则可以设置窗格在页面中的位置。

但是，显示"无标记"，修订的痕迹毕竟还在。如果你很认可这些标记，是否需要根据修订提示、一处一处去修改呢？

自然是不需要的。找到【更改】工具栏，你会发现有两个按钮：【接受】和【拒绝】。

除了在正文的修订外，还有一个很重要的内容：批注。

清朝的时候如果有Word，脂砚斋评红楼梦肯定会用上这个功能：又清楚，又能一眼区分不同的批注者，还能直接针对批注进行点评。

批注怎么添加？

选中文档中需要添加批注的字、句或段落，进入【审阅】→【批注】→【新建批注】。

如果是针对批注进行回复，就把鼠标指针悬停在该条批注中，然后单击右侧出现的箭头即可。这个符号只有当鼠标指针悬停在批注上方时才会出现。

如果你认可修订，就单击【接受】按钮，弹出菜单栏。可以选择只接受某一条修订，也可以一次性接受全部修订，还可以接受所有修订后停止修订状态。

如果你觉得修订不合理、不希望保留，那么和接受修订类似，既可以删除某一条修订，也可以一次性删除所有修订结果。"拒绝"修订后，被修定的地方会恢复到原始状态，之前的修订也不会留下痕迹。

有时，我们需要对某个区域的审阅意见进行一次性接受。可以做到吗？

当然！

只需要选中那个区域，然后选择【接受】→接受此修订即可。如下图所示。

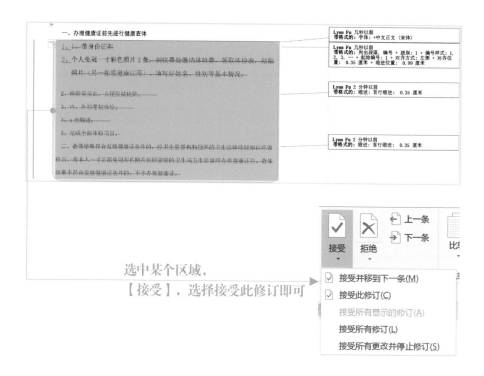

选中某个区域，
【接受】，选择接受此修订即可

2016版本的Word新增了【墨迹批注】功能——不是墨迹书写，是墨迹批注，也就是在批注功能中可以直接手写输入。使用该功能后，可以利用特定的书写笔直接在屏幕上进行书写；当然，前提是你的平板电脑支持触屏功能。

与墨迹书写不同的是，在批注状态下，笔迹无法进行颜色、粗细的设置。

如下，左图为单击后出现的墨迹批示待输入框，右图为涂鸦后的效果。

完成后，墨迹会转换为笔迹，如下图所示。

如果希望后来的人不能再对文档作修订，怎么办？

单击【修订】→【锁定修订】→根据提示输入密码。这样，如果对方想使用修订功能，除非知道密码，否则就无法操作。

输入密码后，【修订】按钮就无法选中了。解锁时，仍然需要单击【锁定修订】按钮，然后在弹出的对话框中正确输入密码才能重新使用修订功能。